环境保护与
生态旅游模式研究

邓 欣 著

全国百佳图书出版单位
吉林出版集团股份有限公司

图书在版编目(CIP)数据

环境保护与生态旅游模式研究 / 邓欣著. -- 长春 ：吉林出版集团股份有限公司，2024.4

ISBN 978-7-5731-5020-2

Ⅰ. ①环... Ⅱ. ①邓... Ⅲ. ①生态环境保护 - 研究 - 中国②生态旅游 - 研究 - 中国 Ⅳ. ①X321.2②F592.3

中国国家版本馆 CIP 数据核字(2024)第 095128 号

环境保护与生态旅游模式研究

HUANJING BAOHU YU SHENGTAI LVYOU MOSHI YANJIU

著　　者:邓　欣
责任编辑:许　宁
技术编辑:王会莲
封面设计:豫燕川
开　　本:787mm×1092mm　1/16
字　　数:176 千字
印　　张:9.75
版　　次:2025 年 1 月第 1 版
印　　次:2025 年 1 月第 1 次印刷

出　　版:吉林出版集团股份有限公司
发　　行:吉林出版集团外语教育有限公司
地　　址:长春市福祉大路 5788 号龙腾国际大厦 B 座 7 层
电　　话:总编办:0431—81629929
印　　刷:吉林省创美堂印刷有限公司

ISBN 978-7-5731-5020-2　　**定价**:58.00 元

前言

随着当代社会经济的快速发展，近年来外出旅游的人数持续增长，旅游业逐渐壮大。旅游业是当今的新兴产业，对国民经济发展具有推动作用，可为区域经济发展带来商机和发展机遇。但是，各地区在发展旅游业的同时，也对生态自然环境造成了一定程度的损害，因此，各地区需要在遵循生态理念的基础上发展新兴生态旅游业。

不同于传统旅游方式，生态旅游以保护生态环境为前提，可以实现保护生态与经济发展的平衡。生态旅游主要消费的是生态环境产品，所以在生态旅游发展中必须把保护生态环境作为基础。近年来，国家把生态文明建设摆到了“五位一体”总体布局的战略高度，在实现“两个一百年”奋斗目标的全局中谋划设计，强调“绿水青山就是金山银山”等一系列生态文明新理念、新思想。生态文明是人类社会发展的必由之路，生态文明建设是建设中国特色社会主义富强国家的必然选择，因此，旅游业要顺应时代潮流，保护生态环境，实现可持续发展。

为确保本书的准确性和严谨性，笔者在撰写本书的过程中参阅了大量文献和专著，在此向其作者表示感谢。由于笔者学识有限，书中难免存在错误和疏漏之处，恳请广大读者批评指正。

目录

第一章 生态旅游概述

第一节 生态旅游的概念框架

一、生态旅游定义的表述

“生态旅游”(Ecotourism)是一个外来语,是 Ecological Tourism(生态性旅游)的缩写。在美国著名旅游学者豪金斯(Hawkins)于 1980 年编写的名为《旅游规划与开发问题》的论文集中收录了加拿大学者克劳德·莫林(Claude Moulin)的《有当地居民和社团参与的生态和文化旅游规划》的论文,这篇论文所使用的“生态旅游”这一概念,是针对乡村旅游中自然环境与人文环境而言的,同时他使用了“软旅游”的概念并将“软旅游”定义为“将旅游者与风景、生活方式、氛围和风俗习惯融为一体且不破坏它们”,但莫林并没有对生态旅游做出一个严格的限定。1983 年,国际自然与自然资源保护联盟(International Union for Conservation of Nature, IUCN)生态特别顾问豪·谢贝洛斯·拉斯喀瑞(H. Cebllos Lascurain)在文章中所使用的“生态旅游”一词,被赋予了两个基本含义:旅游对象是自然生态环境,旅游方式是不对自然生态环境造成破坏。1988 年,他又进一步给出了生态旅游的定义:生态旅游作为常规旅游的一种特殊形式,旅游者在欣赏和游览古今文化遗产的同时,置身于相对古朴、原始的自然区域,尽情研究野生动植物和享受旖旎的风光。

随后,各国专家和各种旅游组织又纷纷从各自的研究领域出发,对生态旅游作出了不同角度的定义。其中比较有代表性的定义如下所述。

(1)生态旅游是以自然为基础,为学习、研究生态,欣赏、享受自然风光等特定目的而到干扰比较少或没有受到污染的自然区域所进行的旅游活动。

(2)生态旅游是以欣赏和研究自然景观、野生生物及相关文化特征为目标,为保护区筹集资金,为当地居民创造就业机会,为社会公众提供环境教育,有助于自然保护和可持续发展的自然旅游。

(3)生态旅游是环境敏感的旅游和设施,它所提供的宣传以及环境教育使旅游者能够参观、理解、珍视和享受自然和文化,同时不对生态系统或当地社会产生无法接受的影响和损害。

(4)生态旅游是考虑环境承载能力,将游客数量控制在适当范围内的旅游。

(5)生态旅游是具有保护自然环境和联系当地人民双重责任的旅游活动。

(6)生态旅游是对环境负责的,对一定地区自然或人文景观进行有利于促进保护和地区经济发展的旅游观光。

(7)生态旅游是以自然为基础的,可持续的,注重生态环境保护和环境教育的旅游。

(8)生态旅游是以生态学原则为指针,以生态环境和自然环境为取向所开展的一种既能获得社会经济效益,又能促进生态环境保护的边缘性生态工程和旅游活动。

(9)生态旅游是以自然生态和社会生态为主要旅游吸引物,以观赏和感受生态环境、普及生态影响和知识、维护生态平衡为目的的一种新型旅游产品。

(10)生态旅游是旅游者走进优良生态环境的一种活动。旅游者除了脚印外,不留下任何其他物质和痕迹,除带走照片、录像和自然感受外,不带走任何物质。

上述定义对生态旅游的内涵和外延的界定各不相同,反映出理论界对生态旅游的认识尚存在较多的分歧,生态旅游的概念尚在形成之中。

二、生态旅游的概念

(一)生态旅游的客体外延

在最早的关于生态旅游的定义中,生态旅游的对象一般被认为是自然旅游资源,特别是受干扰比较小或没有受到污染的自然区域,例如自然保护区、森林公园、国家公园、风景名胜区等。[①] 事实上,目前许多国家在做关于生态旅游的统计时,都将进入自然保护区、国家公园和森林公园的人数及其旅游收入作为生态旅游的相应指标。然而,人类是地球生态系统中最重要的组成部分,人类活动是生态系统最重要的影响因素,将人文旅游资源排除在生态旅游的客体之外,显然是片面的。尤其是许多民族的民俗旅游资源比自然旅游资源更脆弱,更需要保护,如云南丽江纳西族的东巴文化等。从某种意义上看,地球本身就是一个大的生态系统,在地球上的任何一个角落进行的任何一种旅游活动,只要符合生态旅游的原则,都应该属于生态旅游的范畴。因此,生态旅游的客体既应该包括自然旅游资源,也应该包括人文旅游资源。

(二)生态旅游的内涵

目前,不少专家倾向于认为生态旅游只是众多旅游形式中的一种,是旅游活动的一个分支,并因此将生态旅游与大众旅游对立起来,把生态旅游作为一种为满足少数人特殊兴趣和需要而专门开发设计的特殊的旅游产品。当然也有人认为,生态旅游还应该是在旅游资源的开发和利用方面达到可持续旅游目标的有效手段和途径。然而,无论是从旅游产品分类,还是从旅游资源的开发和利用方面来界定,生态旅游的内涵都是不够充分和全面的。倘若生态旅游仅仅是一种特殊的旅游方式,或者说只是能满足少数人需要的某种特殊旅游产品,那么它就不足以引起旅游界如此高度的关注和重视。因此,生态旅游并不是大众旅游的对立面,相反,只有当生态旅游被普遍推广和广泛接受,取代了传统旅游模式,而成为新

---

① 郑朝贵.旅游地理学[M].合肥:安徽大学出版社,2009.

的大众旅游模式时,生态旅游所肩负的促进旅游业可持续发展的重任才能得以实现。

总体而言,生态旅游是一种能使旅游业实现可持续发展的、全新的旅游发展模式,它既不只是旅游开发的一种新方法,也不仅是旅游活动的一个分支,而是代表着旅游业发展的一个崭新阶段。生态旅游的实质就是旅游业发展的全面生态化——在可持续发展思想的指导下实现旅游规划与开发的生态化、旅游管理与服务的生态化和旅游消费的生态化。

1. 旅游规划与开发生态化

旅游规划与开发生态化的含义就是指在开发利用旅游资源和生态环境时要遵循生态学规律,利用生态学理论进行科学布局,在实现规划区内系统稳定性与安全性最优的前提下,使规划区域内的资源和环境得到合理的有效利用,并把开发和利用程度控制在自然生态环境可承受的范围之内,使被开发区域真正实现可持续发展。在传统旅游开发规划中,旅游业被当作一种纯粹的经济产业来进行规划,强调市场分析,注重投资成本与经济效益的核算,将实现经济利益的最大化作为旅游开发规划的根本目标。而生态旅游规划则是强调旅游业要与环境保护、社会发展紧密结合,将社区生活质量的提高、环境的改善与经济效益的实现一起作为规划的总体目标,实现均衡发展。具体来说,生态旅游规划强调崇尚自然,不对原有自然环境进行大规模改造,尽量保留原有自然风貌,旅游活动设计要将旅游对环境的影响降到最低程度,并以自然体验为主。

2. 旅游管理与服务生态化

旅游管理与服务生态化是旅游业实现可持续发展目标的重要保证。研究生态系统的稳定性,测算出合理的旅游容量或旅游环境承载力,在此基础上建立科学的环境保护标准,防止环境污染和破坏,利用新技术来恢复和重建已经被污染和破坏的生态系统是生态旅游管理的重要内容。在进行严格管理的同时,为旅游者提供高质量的旅游环境,营造享受生态美的旅游经历以及提供恰当的解译服务和接待服务也是生态旅游的必要内容。旅游管理和服务生态化的实质就是既要保证生态环境不会因旅游活动而发生难以接受的改变,又要满足旅游者的现实需求,确保其旅游体验的质量不会因为必要的限制而出现难以接受的下降。

3.旅游消费生态化

旅游消费生态化的含义是要增进旅游者对旅游活动所产生的环境问题的理解,强化其生态意识,对旅游者的消费行为和消费习惯进行引导,并要求旅游者进行一定限度的自我约束。生态旅游消费是一种理性消费,既强调旅游需求的满足,又要以不破坏生态环境为前提;既强调代内的平等,也要考虑代际间的公平。反对为满足自己的需求而损害人类世世代代赖以开展生态旅游活动的条件——自然资源与生态环境,以保证后代人能公平享有利用自然资源和生态环境进行旅游消费的权利。

综上所述,生态旅游是一种以可持续发展为目标,并将持续发展理念充分体现于旅游业各个层面的一种全新的旅游发展模式。

三、生态旅游的界定原则

基于上述对生态旅游概念的认识,凡是符合以下原则的旅游活动都应被视为生态旅游的范畴。

(一)可持续发展的原则

在发展旅游业、开发利用旅游资源的过程中,应统筹考虑当地人口、社会、经济、环境以及资源的现状和发展趋势,充分考虑环境和资源对旅游业发展的承载能力,防止因过度开发旅游资源造成对生态环境的污染和破坏。为此,应专门制定旨在保护环境的旅游可持续发展规划,使旅游设施的布局和游客流量的设计建立在环境和资源可承受的能力之上,并应促进人工设施与自然环境、区内环境与周边环境和谐统一,还应采用法律、行政、经济和科技等有效手段制止外界对旅游区生态环境与资源的污染和破坏,从而保障旅游业与环境的和谐发展,实现生态环境和生态旅游资源在代内和代际间的公平共享和持续利用。

(二)生态效益和经济效益相结合的原则

生态工程强调的是生态效益的最大化,传统旅游业则是以经济效益的最大化为主要目标。[①] 生态旅游拥有复合型的利益目标体系，也就是追求生态效益和经济效益的合理化。因此，生态旅游的运作既要符合生态规律，也要符合旅游市场的经济规律；既要考虑当地社区的利益，又要顾及旅游投资者的利益；既要保证自然生态环境不会因旅游活动而发生难以接受的改变，又要满足旅游者的现实需求，确保其旅游体验的质量不会因为必要的限制而下降。

（三）社区参与的原则

生态旅游之所以能够成为可持续发展的旅游模式，就在于这种资源利用方式与当地社区在利益上有内在的一致性。社区的参与为生态保护提供了动力和可能，也更容易形成和谐的原生文化氛围。因此，在旅游开发的决策过程中应该保证当地社区居民有正常且有效的参与渠道，并应建立合理的市场机制，确保旅游收益得以公平且合理地分配，以调动当地居民保护旅游资源和生态环境的积极性；同时，还应保证有一定比例的旅游收入用于生态环境保护，以促进旅游区环境质量的改善与提高，使社区直接受益。

第二节　生态旅游的理论构架

生态旅游的理论研究，实质上是以传统旅游业发展的实证经验为基础，运用以可持续发展理论为代表的一系列相关的理论和方法，对旅游的主体（旅游者）、客体（旅游资源）、媒体（旅游业）及其相互关系进行的规范化研究。旅游活动本身就是一种高度综合性的活动，因此，对旅游活动的研究也必然是以多个学科、多种理论的交叉渗透为基础的。生态旅游作为一种能使旅游业实现可持续发展的新兴旅游模式，其理论体系更为复杂，也更具特色。根据对生态旅游理论产生影响的重要程度，可将对生态旅游产生影响的一系列理论和方法归纳并概括为核心理论、支撑理论和

---

① 樊国敬，陈焱，赵耀．旅游概论[M]．成都：电子科技大学出版社，2019．

相关理论三大类，即生态旅游的理论体系是由核心理论、支撑理论和相关理论三大类理论构成的。

一、生态旅游的核心理论

可持续发展既是生态旅游的指导思想，又是其终极目标。因此，可持续发展理论是生态旅游的核心理论，也是生态旅游的灵魂所系。

可持续发展理论是在人类社会的经济发展与生态环境出现了难以调和的矛盾，以及人类的生存环境面临严重威胁的背景下提出的理论。其基本要点包括两个方面：一是环境问题必须与社会经济问题作一体化考虑，并且在社会经济的发展中寻求解决的方法。其要求是正确看待当前利益和长远利益、局部利益和整体利益的关系，求得经济、社会和环境问题的协调发展。这是保证经济持续发展的正确方针，也是解决环境问题的有效途径。二是人类应该把他们的生活方式控制在生态资源允许的范围内，减少资源消耗量，并且应当使人口数量的增长同生态系统生产潜力的变化协调一致。

在可持续发展理论的指导下，生态旅游确立了社会效益、经济效益和生态效益协调发展的复合型目标体系，为旅游业的发展提供了一个崭新的模式，解决了旅游业与生态环境保护协调发展、旅游资源的可持续利用以及旅游收益的合理分配等一系列曾长期困扰旅游业的问题，从而使旅游业走上一条良性的、健康的发展道路。

二、生态旅游的支撑理论

景观生态学和旅游经济学理论是生态旅游的支撑理论。景观生态学的研究重点是人类活动对景观的生态影响和生态系统的时空关系，注重对景观管理、景观规划和设计的研究，以及空间结构与生态过程的相互影响的研究。景观生态学还以人类对景观的感知作为景观评价的出发点，通过自然科学与人文科学的交叉，围绕建造宜人景观这一目标，综合考虑景观的生态价值、经济价值和美学价值。

景观生态理论的主要内容包括土地镶嵌与景观异质性原理、尺度制约与景观层序性原理、景观结构与功能联系和反馈原理、能量和养分空间流动原理、物种迁移与生态演替原理、景观稳定性与景观变化原理、人类主导性和生物控制共生原理、景观规划的空间配置原理、景观的视觉多样性与生态美学原理等。

旅游经济学的研究对象则是旅游经济活动过程中所反映出的各种现象、关系及其内在规律。旅游经济学从分析旅游需求和旅游供给的形成、变化及矛盾运动入手，揭示旅游供求平衡的内在规律性及实现条件，并对旅游市场的类型和特点、旅游价格的构成和变化，以及旅游产业结构和经济效益进行分析和研究，为旅游经济活动的有效实现提供科学的理论指导。

景观生态学的相关理论为生态旅游资源的开发、利用、管理和保护提供了理论依据和运作方法，而生态旅游市场的供求平衡及其利益目标的实现则要依靠旅游经济学相关理论的指导。缺乏旅游经济学理论的指导，生态旅游就会失去市场空间；没有景观生态学理论作为指导，生态旅游就难以实现可持续发展。因此，景观生态学和旅游经济学是支撑生态旅游理论的两大重要基石。

三、生态旅游的相关理论

生态旅游是综合性、关联性很强的旅游形式，因此，生态旅游的理论基础也必然涉及多学科的多元化理论。对生态旅游者行为和需求的研究会涉及市场学、心理学、美学等方面的理论；对生态旅游资源的研究会涉及旅游资源学、旅游地理学、生态经济学以及相关的开发规划理论；对生态旅游业的研究则会涉及企业管理和发展经济学等方面的内容。因此，生态旅游的相关理论就涉及市场学、心理学、美学、旅游资源学、旅游地理学、生态经济学、开发规划理论、企业管理学、发展经济学等。

生态旅游的理论构架如图 1—1。图中 1 为核心理论，即持续发展理论；2 为支撑理论，即景观生态学、旅游经济学；3 为相关理论，包括市场学、心理学、美学、旅游资源学、地理学、生态经济学、开发规划理论、企业管理学、发展经济学等。

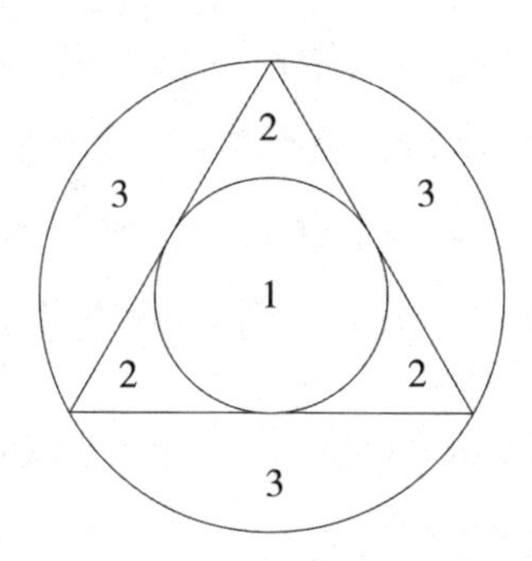

图1—1　生态旅游理论构架图

第三节　生态旅游的基本特征

一、科学性:生态旅游是以科学技术为基础的旅游

生态旅游是科学技术含量很高的旅游。生态旅游资源的本底调查、资源信息系统的建立、生态环境的动态监测和影响评估、旅游环境容量的确定以及生态旅游产品的开发设计等,都是在科学技术的密切参与下运作的,而且消费者生态旅游需求的产生及旅游行为的实施,也得益于生态知识的普及和环保意识的增强。[1] 因此,生态旅游是知识密集型和技术密集型的产业,科学技术是生态旅游发展的基础。离开了科学技术,生态旅游就会偏离方向,从而无法肩负起使生态资源的保护和利用协调发展的重任。

二、持续性:生态旅游是持续性的旅游

持续性是生态旅游发展的灵魂。首先,生态旅游发展的指导思想应该是持续性的,不仅要考虑近期的发展,还要考虑到将来的发展;不仅要

① 潘鸿,李恩.生态经济学[M].长春:吉林大学出版社,2010.

谋求现实的利益,还要顾及子孙后代的利益;不仅要顾及部分人的利益,还要把握全人类的利益。只有在可持续发展思想的指导下,生态旅游的规划设计和经营管理才会有可持续性的目标和价值取向,也才能确保生态旅游的社会、经济和环境效益协调发展。其次,可持续性还体现在生态旅游产品的吸引力中,只有具有持续的市场吸引力,才会有不断发展的生态旅游消费群,才能使旅游产品的生产、经营和消费实现全面的生态化。

三、精品化:生态旅游是高质量的旅游

精品化是生态旅游最重要的产品特质。旅游业经过上百年的发展,当代旅游者的素质、审美品位、出游频率以及旅游经验都较以前有了很大的提高,旅游者对旅游产品的要求也越来越高。一些粗放式开发和经营的旅游产品很快就出现了早熟和早衰的现象。这些产品的生命周期极为短暂,不仅浪费了大量的资金,还会因开发不当造成旅游资源和生态环境的破坏。而生态旅游产品是以相对稀缺的生态旅游资源和优良的生态环境为基础,以市场需求为导向,通过科学的容量规划和合理的项目设计,再配合完整的解译系统以及持续有效的监控和管理,为旅游者提供高质量的旅游产品。其精品化特征表现在两个方面:第一,由于景观设计精致,生态环境良好,管理和服务周到,并且进行了合理的容量控制,消费生态旅游产品的游客较容易获得高质量的旅游体验;第二,由于附加值较高,成本较大,生态旅游产品的销售价格也较高,在市场价格方面体现出与传统旅游产品不同的精品化。

四、理性化:生态旅游是具有理性化特征的旅游

生态旅游是旅游消费意识理性化的产物。在人们生活水平日益提高的同时,人们的生存环境质量却面临下降的威胁。在这样的背景下,保护生态环境的观念迅速在广大旅游者中普及。旅游者生态意识的觉醒,生态旅游消费需求的增加,是生态旅游产生的重要原因。同时,传统旅游业低水平、粗放式的开发方式和经营方式导致了资源退化、旅游产品生命周

期缩短等现象，使旅游业的进一步发展受到制约，生态旅游作为一种全新的可持续发展的旅游模式在多种因素的促进下应运而生。因此，生态旅游是旅游产业理性化的产物，其具体的表现是旅游消费的理性化、旅游开发的理性化、旅游经营管理的理性化。

第四节　生态旅游的功能结构

生态旅游是以可持续发展理论为指导思想、以旅游市场需求为导向，通过对生态旅游资源和生态环境的合理开发和利用，实现社会效益、经济效益和环境效益长期协调发展的一种旅游发展模式。根据对生态旅游特征的认识，生态旅游的功能可以归纳为以下四个方面。

一、观光游览的旅游功能

虽然生态旅游并不主张一味地满足旅游者的需求，甚至旅游者的便利和舒适也不是生态旅游关注的重点，但这并不意味着生态旅游对游客的需求置之不理。生态旅游同样具有满足游客食、住、行、游、购、娱等需求的基本功能。但是，其关键的功能是让旅游者在获得高层次审美感受的同时又不至于损害旅游者从中获得美感的生态旅游资源和环境。生态旅游对游客的旅游吸引力在角度和方式上与传统旅游有所区别，其满足的旅游需求层次也有所不同。这正是生态旅游更高层次旅游功能的体现。生态旅游所具有的旅游功能具体体现在三个方面：一是生态系统具有复合性的审美属性，它集自然美、生活美和艺术美于一体；二是生态系统体现了自然和社会的生态平衡、进化演替的客观规律，反映了人类对自身生存环境的态度；三是生态系统以其丰富的色彩、各异的景观、变化的形状、不同的声响等，发挥着景观塑造的功能。

二、生态环境的保护功能

从生态旅游概念的提出至今，保护一直被作为生态旅游的关键来考虑。生态旅游的开发设计、经营管理和消费服务等方面，无不体现出对资源和环境进行保护的要求。只有充分发挥其保护功能，生态旅游才能真正成为可持续发展的旅游模式。同时，也只有生态旅游这种合理的资源利用方式，才真正具有保护生态环境的功能。生态旅游的保护功能具体体现在三个方面：一是保护公众遗产，使其不仅为当代人所利用，同时也留给子孙后代享用；二是保护生物多样性，这不仅是全人类的目标，也是人类可持续发展的最佳选择；三是保护生态系统的平衡发展，以改善人类生存条件为目的。

三、促进社区协调发展功能

生态旅游主张让社区获得参与当地旅游发展的机会和途径。一方面，使社区居民从旅游发展中获得经济利益，避免因生存压力而造成的对当地生态环境的破坏；另一方面，将整个社区当作旅游吸引力的组成部分，有利于保护和传承传统文化和民族习俗，促进社区的社会、经济、文化全面发展。生态旅游促进社区协调发展的功能有三个：一是吸引旅游者前往目的地消费，以增加社区经济收入；二是改变资源利用方式，减少社区发展的环境成本和代价；三是带动相关产业发展，优化和改善社区产业经济结构。

四、生态环境的教育功能

生态旅游的兴起与发展得益于旅游者生态环保意识的觉醒和增强，而这又与旅游者所掌握的生态知识和受到的环保教育密切相关。[①] 随着生态旅游的进一步发展，其环境教育功能也将得到进一步加强。生态旅游的环境教育手段将不断优化，从单纯的心理感应式教育，发展为充分利用现代科技，通过完善的解译系统，以多种形式并从不同角度使旅游者获得知识，接受教育；同时，寓教于乐，使教育效果大大提高。更重要的是，

① 韦倩虹，肖婷婷. 生态旅游学[M]. 北京：冶金工业出版社，2022.

随着生态旅游的推广和普及，其环境教育的广度和深度将逐渐加大，成为增强全民环保意识，根本解决人类生存环境危机的有效手段。生态旅游的环境教育功能具体体现在三个方面：第一，通过生态旅游活动，寓教于游，向人们普及生态知识和环境保护知识；第二，通过生态旅游唤起人们的生态良知和环保意识，改变人类的资源利用方式；第三，通过生态旅游扩大伦理关怀的范围，使人与自然的关系建立在新的伦理原则基础上。

第五节　生态旅游的基本模式

生态旅游作为一种全新的旅游发展模式，它与传统旅游模式在发展形态上有着根本的区别（见表1—1）。

表1—1　生态旅游模式与传统旅游模式的比较

	生态旅游模式	传统旅游模式
指导理论	可持续发展理论	资源基础、市场导向理论
目标体系	经济效益和生态效益合理化	经济效益最大化
运作方式	旅游资源本底调查评价与市场分析 旅游环境容量评估 生态旅游产品开发 生态环境动态监管	旅游资源评价 市场分析 旅游资源开发与规划
解译系统	形式多样，功能完善	形式单一，功能受限
生态教育	作用明显	无明显作用
受益对象	社区、旅游者、开发商、政府	旅游者、开发商、政府
发展前景	大势所趋，必然方向	阻力重重，急需转型

生态旅游将自然生态环境和人文生态环境的保护作为旅游开发的基本前提。在规划方面，生态旅游采取有控制、有选择的开发模式，限制旅游设施的建设，尽可能保持和维护生态系统的完整性；在利益导向方面，生态旅游有特定的社会、经济和环境的利益目标，强调实现经济目标的前提是要保证社会和环境目标的实现，追求的是经济利益的合理化。而传统旅游模式则是以经济目标作为首要目标，将实现社会和环境目标放在实现经济目标之后，将它们作为兼顾的目标，追求的是经济利益的最大

化。然而在不同的社会经济条件和文化指导下，发展生态旅游的模式也是不同的，其基本模式有以下三种。

一、社区参与模式

世界各地自然保护区发展的实践证明：只有在当地社区对自然环境的保护持支持态度时，自然保护的工作才能顺利进行；而当地社区能否从自然保护中获得经济利益与社区居民对保护区的资源和环境保护的态度密切相关。特别是位于落后和贫困地区的自然保护区，只有将自然保护与促进当地社会经济发展、提高居民生活水平紧密结合起来，使当地居民由于既得利益而参与自然生态的保护行动，持续发展才可能实现。因此，这种模式在制定发展规划时应以社区为导向，提供机会鼓励社区参与旅游项目的实施，增加社区就业机会，并将一定的旅游收入用于改善社区的供水、供电、医疗等基础设施。旅游设施的建设应尽量使用本地产品，采用本地建筑风格，采取有效措施，促进当地文化的传承和保护。

二、环境教育模式

环境教育模式将增强当地社区和旅游者的生态环保意识作为生态旅游的主要目标，将旅游与环保知识科普相结合，把旅游作为一种科学普及的手段，设计出各种旅游项目，使旅游者以对自然负责的态度开展旅游活动，避免破坏环境。环境教育模式以环境保护为导向，是一种不以营利为目的的生态旅游模式，但其开发、运作仍需大量的资金。因此，采用这种发展模式的前提是有足够的政府财政支持或是社会捐款做保证。

三、生态环境补偿模式

通过发展生态旅游，返还部分旅游收入，用于保护区的恢复或保护；旅游经销商通过缴纳一定的环境消耗补偿费，解决自然保护区保护经费不足的问题。这种旅游模式可以增强当地居民保护旅游资源的意识，减少对环境的破坏。但在投资环境落后的地区，如果限制外资进入，将很难达到发展目标;如果依靠外来资金发展,而生态旅游一般以高收入人群为市场目标,那么这种旅游业对当地经济的相关性就很小,各种物质需求常从区域以外输入,高级管理人员也来自外地,所获的旅游收益将很难留在当地,当地人只能从事低级简单的劳动,获得的经济收益也十分有限。因此,这种模式潜伏着当地居民与旅游经销商、游客的诸多矛盾。

第二章　生态旅游者

第一节　生态旅游者的概念与分类

一、生态旅游者的概念

生态旅游者是生态旅游活动的主体，是生态旅游形成和发展的关键性因素。由于目前理论界对生态旅游的内涵尚未形成明确的公认的看法，因此，人们对生态旅游者的概念也存在着不同的理解。在众多不同的看法中，有些看法较为接近，只不过是强调的重点不同；有的则在概念的内涵和外延上都存在较大的差异。

目前对生态旅游者的概念的理解主要形成三种有代表性的观点。

第一种是从市场的角度，将生态旅游者定义为到生态旅游区，以消费生态旅游产品为其旅游活动的主要内容的旅游消费者。在这个定义中，生态旅游区指国家公园、国家森林公园、世界文化和自然遗产，以及已开发旅游产品的各级自然保护区和生态保护区。这里的生态旅游产品是指以以上区域拥有的资源和生态环境为基础开发出来的，能满足旅游者认识自然、享受自然、保护自然等需求的设施、商品和服务的总和。这种以到生态旅游区购买并消费生态旅游产品来判断生态旅游者的标准，最大的好处是便于对生态旅游者的数量及相关指标进行统计，有利于旅游企业和旅游地研究生态旅游市场，为其生产经营提供依据。事实上，目前各方对生态旅游者的统计都是依此定义进行的。

从市场的角度定义生态旅游者固然有便于统计的优点，但是也存在明显的缺陷：不能完全体现生态旅游的内涵，因为并非所有进入生态旅游区购买并消费生态旅游产品的旅游者都具有生态知识和环保观念。事实上，虽然这些所谓的“生态旅游者”都为他们的“生态之旅”支付了费用，但并不能保证他们的旅游活动对生态环境有益或者无害。

第二种对生态旅游者的定义是从心理学角度出发，认为生态旅游者是指那些具有一定生态和环保知识并能在旅游活动中随时表现出生态和环保意识的旅游者。这个定义既不强调进入生态旅游区，也不强调购买并消费生态旅游产品，而是强调旅游者应具有生态和环保意识，并且这种意识会体现在旅游者于不同时期、不同地点所进行的不同类型的旅游活动中。但这一定义只有理论上的指导作用和研究价值，而缺乏统计度量上的可操作性。

第三种定义是对前两种定义的综合，认为生态旅游者是指那些具有生态和环保意识，愿意购买与消费生态旅游产品的旅游者。这个定义更能反映生态旅游的内涵，因为生态环境是一种全球性、系统化的概念，是指地球上的一切生物和非生物的要素在自然状态下构成的相互制约、相互依存的环境。因此，只有当所有的或大部分的旅游者都具有生态环保意识，并能自觉地在此意识的指导下进行旅游活动，才能将旅游业对全球生态和环境的不利影响减少到最小程度，也才能实现旅游业的可持续发展——这是开展生态旅游的初衷。这一定义避免了生态旅游产品的消费者不是真正的生态旅游者和具有生态保护意识的消费者不一定购买与消费生态旅游产品的矛盾，使具有生态保护意识和购买并消费生态旅游产品在同一个旅游者身上统一起来。在这种定义之下的生态旅游者严格地限制为一个较小的群体。但在实际的工作中仍然不得不将所有进入生态旅游区或购买并消费生态旅游产品的旅游者统计为生态旅游者，因为是否具有生态保护意识仍然是难以测量和统计的。由于第三种对生态旅游者的定义更具有理论价值和实践意义，因此，本书将使用第三种生态旅游者的定义作为分析的基础。

二、生态旅游者的分类

随着生态旅游的发展，生态旅游者的分类也越来越多，具体有以下几种分类。

（一）根据旅游者人数及旅游体验分类

根据旅游者人数及旅游体验，可以将生态旅游者分为以下几种类型。

（1）自助生态旅游者。自助生态旅游者游览点流动性强，在旅游过程中具有高度的灵活性。

（2）团队生态旅游者。团队生态旅游者是以团队形式到比较独特的旅游目的地去旅游。

（3）学校团体或科研团体。这类生态旅游者多是进行某种教学或科学研究的组织和个人，在生态旅游区逗留时间一般较长。

（二）根据生态旅游目的分类

根据生态旅游目的，可以将生态旅游者分为以下几种类型。

（1）硬性的生态旅游者。主要指科研人员或专业旅游团成员，包括出于教育研修、保护环境或类似目的的旅游团。

（2）专一的生态旅游者。主要指为了解当地自然风光、历史文化专门到生态旅游景区旅游的人。

（3）主流的生态旅游者。根据市场推出的生态旅游主流产品而参加生态旅游的人。

（4）偶尔的生态旅游者。生态旅游是旅游者整个旅游中的一部分。

（三）根据生态旅游市场的情况分类

根据生态旅游市场的情况，可以将生态旅游者分为以下几种类型。

（1）严格的生态旅游者。严格的生态旅游者对自然环境的责任感强，在生态旅游活动中处于主动地位，愿意参加富有挑战性的体验活动，对生态旅游地进行近距离的接触。严格的生态旅游者一般喜欢自己进行旅游安排，或进行小团队旅行及专业化旅行。这类旅游要求有足够的时间，以便旅游者能够进入那些相对未被干扰的自然区域。

（2）一般的生态旅游者。一般的生态旅游者对自然环境的责任感不如严格的生态旅游者强，对自然环境进行接触的要求相对较低，对旅游设施的要求相对较高，通常以团队形式进行旅游。

第二节　生态旅游者的形成

总的来看，生态旅游者的产生和形成，既取决于他们所具有的客观条件，又取决于他们的主观条件，对其教育培养也非常重要。生态旅游者形成的客观条件涉及社会生活的各个方面，其中经济能力、闲暇时间、社会经济环境、身体状况四个方面是主要的客观条件，它们相互联系、相互作用，统一构成生态旅游业发展的客观基础。旅游活动的动机是直接推动人们进行旅游活动的主观条件。生态旅游的动机主要是为了满足人们回归大自然的心理需求，是人们生态意识觉醒达到一定水平时的必然结果，是人类生态意识演进的必然产物。从人类文明出现至今，人们的生态意识演进依次经历四个阶段：原始生态意识阶段、生态意识淡漠阶段、生态意识觉醒阶段、生态意识高涨阶段。[①] 由于旅游活动几乎伴随了整个人类的文明史，因此，这个演进过程也反映了旅游者生态意识的变迁历程。

一、原始生态意识阶段

这一阶段的跨度是从人类文明之初到 18 世纪末期。这一时期的特点是生产力水平低下，人对自然的影响较小而对自然环境的依赖较大，人与自然相处的关系是“天人合一”的。在这个阶段，人们本能地意识到保护生态环境的重要性。春秋时期齐国的宰相管仲在《管子・立政》中就教育人们要“敬山泽林薮积草”。西汉时期的淮南王刘安在《淮南子・主术训》中指出，打猎的不能把野兽全部打尽，不要猎取幼小的动物，不要为了捕鱼而把水排干，更不能烧林捕猎。同时，他还提出：每年十月以前，不要在山间谷地布网捕兽；开春以前，不要入水捕鱼；立秋之前，不要进山捕鸟；冬至之前，不要进山伐木；十月之前，不要用火烧田；不要捕杀怀孕的兽类；不要到鸟巢中取鸟蛋及幼鸟；鱼不长大不要捕；猪不满一年不要杀

① 陈蜀花. 生态旅游理论与实践研究[M]. 长春：吉林出版集团股份有限公司，2019.

食。这种朴素的生态保护意识,反映了当时对社会成员在生态环境上的道德要求。由于交通工具和社会经济水平的限制,加之在“天人合一”的思想影响下,这一阶段的旅游活动对生态环境没有产生多大的威胁。这一阶段叫作人类原始生态意识阶段。

二、生态意识淡漠阶段

从 18 世纪后期到 20 世纪中期,以欧美国家为代表的人类文明开始了以工业革命为序幕的现代化进程。各种新机械、新能源、新材料的相继出现使社会生产力达到了空前的高度,人们发现自己对自然的依赖性越来越小,而征服自然的能力却越来越大。人们只关心劳动生产率的提高和社会经济的发展,随心所欲地从自然界索取经济发展所需要的各种原材料。在物欲膨胀、盲目自大的人类意识中早已没有生态环保的地位。19 世纪中叶托马斯·库克(Thomas Cook)创办了世界上第一家商业旅行社,这标志着传统的、少数人的自发旅游开始向现代的、有组织的、大规模的旅游转变。20 世纪以后,汽车的大量生产、高速公路的修建,特别是超音速喷气式巨型客机的使用,使得旅游者的足迹遍布全球。在这一时期,旅游活动及相关的旅游开发对自然生态的威胁和破坏达到了前所未有的程度,旅游从依赖顺从自然发展到破坏自然。这一阶段可称为人类生态意识淡漠阶段。

三、生态意识觉醒阶段

在人类社会经历了空前的繁荣之后,人们开始意识到繁荣的代价是森林面积大幅度减小,资源枯竭,环境污染,众多物种濒临灭绝,以及大规模的自然灾害频繁发生。特别是在 20 世纪 60 年代,由于环境污染日趋严重,许多西方发达国家先后发生了诸多公害事件,这些公害事件大都是由于工矿企业将大量的废水、废气和废弃物不加处理地排放,引起大气、水域和土壤的污染,进而污染了农副产品和乳肉制品,从而造成了对人体的极大危害。触目惊心的事实使西方发达国家从繁荣的喜悦中逐渐醒悟过来。随着公众生态环保意识的觉醒，具有生态环保意识的旅游者开始出现。虽然这时的旅游市场尚未有生态旅游产品出售，但这些旅游者已开始在他们的旅游活动中表现出关注生态、保护环境的意识。这一阶段被称为生态意识的觉醒阶段。

四、生态意识高涨阶段

如果说20世纪60年代后期和20世纪70年代是人们生态意识的觉醒阶段，那么到了20世纪80年代，人们开始进入生态意识高涨阶段。生态环保问题由部分环保倡导者关心的问题演变成为国际组织、各国政府和媒体乃至全体公民共同关心的焦点问题。1980年，世界野生动物基金会、国际自然与自然资源保护联盟以及联合国环境规划署共同主持制定了世界自然保护大纲，并首次提出了“持续发展”的口号，标志着人类生态意识高涨阶段的到来。在此背景之下，注重生态、保护环境等观念迅速在广大旅游者中普及。在政府的推动、媒体的宣传和市场的引导之下，生态环保意识也逐渐融入旅游资源的开发和旅游企业的经营管理之中，生态旅游产品开始进入市场，真正的具有统计意义的生态旅游者也随之出现。

第三节　生态旅游者的心理特征分析

一、生态旅游者的心理特征演变

自然界最初是作为一种完全异己的、有无限威力的和不可征服的力量与人类对立。在人类早期的旅游活动中，人们希望通过对这种具有象征意义的自然景观和人文景观的朝拜，来获得自然的保佑。

随着生产力的不断发展，自然逐渐为人们所认识，自然规律也逐渐为人们所掌握。人类逐渐从服从自然转向利用自然，人类以认识自然和利用自然为目的的旅游旅行活动也逐渐多了起来。如马可·波罗(Marco Polo)经两河流域，越过伊朗高原和我国新疆、甘肃、内蒙古、山西、陕西、四川、云南等地的考察活动前后历经17年；徐霞客在我国十多个省市的山川进行了考察活动；欧洲的“地理大发现”堪称是认识自然最有代表性和最突出的旅行活动。直到今天，以认识自然、探索自然为目的的旅游活动仍然在进行之中，如到地球南北两极的科学考察、到原始森林的科学考察等。

与认识自然同时出现的，还有以欣赏自然、观赏自然为目的的旅游活动。1875年，英国人托马斯·库克（Thomas Cook）组织了第一次具有现代意义的旅游活动。但在此之前，人类对自然风光欣赏早已开始。我国古代的文人墨客、帝王将相在对自然山水风光的欣赏中留下了许多脍炙人口的诗句，如陶渊明的“采菊东篱下，悠然见南山”，李白的“君不见，黄河之水天上来，奔流到海不复回”，王之涣的“白日依山尽，黄河入海流，欲穷千里目，更上一层楼”，杜甫的“两个黄鹂鸣翠柳，一行白鹭上青天，窗含西岭千秋雪，门泊东吴万里船”等。今天，以欣赏自然为目的的旅游活动仍然是现代旅游的主旋律。

与此同时，以征服为目的的探险旅游也进入人类旅游活动的领域，险恶的自然环境为勇于挑战的探险者提供了绝好的自我表现机会，同时这种探险旅游也是一种有特殊意义的审美活动。广阔无垠的大海、白浪翻滚的大江、变幻无常的大漠、冰雪覆盖的高山都成为探险旅游者的最佳旅游地。随着生态环境的恶化和生态危机的出现，人们意识到以人类中心主义为主导统治自然的生产和生活方式最终将导致人类生活的不可恢复性破坏。在旅游审美活动中如果单纯以观赏、认识、征服自然为旅游目的，单纯地取乐，而不对自然负任何责任，最终将导致自然环境被破坏。而城市生活环境的急剧恶化，又使人们越来越希望进入大自然。生态旅游正是在这样的背景下，在新的审美心理和要求指导下，以追求和谐的自然美为目的发展起来的。

在生态旅游中，旅游者虽然依然有认识、欣赏甚至利用自然的险恶进行自我挑战的心理，但更多的不再是以旁观者、征服者、欣赏者或经历者的角色去审美，而是以寻求人与自然和谐美的审美心理主动融入大自然中去。它给旅游者带来的心理上的愉悦和美的享受，不再是单纯因认识自然而产生的充实感、因征服自然而产生的自尊感，而是因体验自然而得到的亲近感、回归感和融合感。

二、生态旅游者的出游动机

旅游者的出游动机是旅游者选择何种旅游目的地的出发条件，常见的旅游者出游动机有放松心情，增长见识，结交朋友，追随潮流等。

生态旅游者的出游动机有别于一般旅游者的出游动机，大致可以分为以下两类。

（一）追求大自然中的物质和心理享受

生态旅游出游动机就是希望通过认识、感知、体验、理解生态美和与无污染的环境的亲密接触，使自己在身体、心理、情感、知识等方面得到有利的调整。城市生活环境的急剧恶化，使人们越来越希望进入大自然，从中享受洁净的空气、甘甜的泉水、无污染的食品和淳朴的民风。生态旅游者希望通过旅游活动获得有益于身体健康的物质，同时运用视觉等感官体验大自然各种各样的美。这是生态旅游者进行旅游的主要目的，也是生态旅游活动中最主要的欣赏自然并获得自然享受的方法。

（二）从自然中接受生态美育的熏陶

美育的目标在于促使人们在人格结构、知识结构、身心结构和审美结构等方面得到全面的发展。① 生态美对美育的作用主要表现在以下几个方面。

（1）在人格结构方面，生态美育可以使人领悟人生，砥砺人格，在潜移默化中培养高尚情操。在景观的自然形态与人的品格操守的象征性联系中，人们可以通过生态美的观赏获得人生的感悟和情操的升华，从而更加自觉地追求人格结构的自我完善。例如，陶渊明赏菊、郑板桥咏竹等就表现出他们借赏景而修身自勉或立志励行的旨趣。

---

① 张子程．自然生态美论[M]．北京：中国社会科学出版社，2012.

(2)在知识结构方面,观赏自然风光,能够开阔视野,增广见闻,提高人的文化素养,从而使人的知识结构更趋完善。所以古人有"读万卷书,行万里路"等勉励人的诗句。

(3)在身心结构方面,生态旅游能够陶冶性情,愉悦身心,使人获得美好的情感体验。通过领略生态美,人们既可以得到外在的形体锻炼,又能够获得内在情感的陶冶,这种生理与心理方面的双重收获可以使人的身心结构更趋优化。

(4)在审美结构方面,进行生态美育能够培养人的审美情趣,提高人感受美、鉴赏美和创造美的能力。生态美作为极为丰富的审美对象慷慨地滋养着人们的审美心理结构。它以特有的造型美、色彩美、声音美、节奏美和动态美锻炼人们对美的感受能力,又以特有的丰富内涵来锻炼人们对美的领悟能力。此外,大自然还以其特有的钟灵毓秀之气陶冶着人们的审美情操。这多方面影响必然促使人们在领略自然美的过程中不断完善自身的审美心理结构,获得深厚的审美欣赏能力和审美创造能力。

三、生态旅游者的审美特性

随着环境保护运动的开展和环境保护观念日益深入人心,现代旅游者尤其是生态旅游者对于人与自然和谐共处、保护环境、保护生态多样性等已形成普遍的共识。在此基础上,人们探索大自然、回归大自然的意识也越来越强,从而表现出一些独特的生态审美观念。

生态审美观是在生态审美心理基础上形成的审美价值、审美取向,是美学价值观的体现。生态审美观的生态意识、审美主体的情感、生态景观的属性是紧密结合在一起的,它通过生态景观以及人与自然的强烈情感来表达现代人的审美思想观念。

生态旅游中的审美活动既有与一般审美活动相似的属性,又有不同于一般旅游活动的艺术的、社会的、生活的审美属性。总体来讲,生态旅游的审美活动具有以下一些观念。

(一)大自然与人类共同创造的意识观

生态美除了纯自然的美以外,更多的是人与自然共同创造之美。大自然本身是朴实、浑厚、博大的,蕴含无限的美的底蕴,人们发现它、发掘它,使其内在潜力充分显现出来。生态旅游经营者、规划者在进行生态旅游设计的时候要特别注意对自然美的再发现、再创造。一个好的旅游经营者对旅游地的设计不在于"别出心裁"的主观臆造,而在于在自然本底的基础上顺应自然,升华自然,焕发自然的风采。生态旅游者不仅要欣赏原汁原味的自然,也要欣赏经过人类精心雕琢、再造的自然。我国古代诗人常以自然物的特征来比喻人类高尚的道德情操,如松柏之高洁,兰竹之清高,菊梅之忠贞,水之无私,山之无欲,海之包容等。

(二)生态意识的绿色美审美观

大自然的绿色是以植物为载体的。从科学的角度讲,绿色植物是自然生态系统中不可缺少的生产者。任何一个生态系统如果失去了绿色植物,这个生态系统就失去了可以维持平衡的根基,对于大多数旅游者而言,就会失去审美的媒介。绿色植物对于维持地球上碳—氧平衡、水的平衡起着决定性作用。"金山银山不如绿水青山。"生态意识正是基于绿色植物的这种作用而上升为一种理性的生态伦理观念。

以绿色为主调的森林可使人产生一种稳重、宁静的感觉。有绿的地方,就有生命存在,绿色是生命永恒的旋律。生态旅游产品的开发也是以绿色为基调的,重视山、水、草、木的合理配置。生态旅游的主要载体是森林公园、自然保护区、风景名胜区三大类,而这些地方都是以绿色为主的地区。

生态意识的绿色美,是现代人基本的审美观念,已经也必将永远根植于现代人的审美观念之中。

(三)人与自然和谐的审美观

这一审美观表现在以下几个方面。

(1)美,最早的心理基础便是和谐,不论中外,都是如此。以人们对人与自然的认识为基础,审美观也发生着阶段性的变化,原始时期把人能适应自然认为是美的(艺术审美主要是模仿自然物)。

(2)人与自然和谐的审美观,意味着工业文明时代"主宰自然"观念的终结。在山峦、河流、洞穴之间,在植物世界和动物世界之间,旅游者以和谐之心与自然对话,和平共处。就在这种情景交融、"天人合一"状态中,旅游者会增强生态环保意识,爱护人类的家园。

(3)在生态旅游者的生态审美活动中,生态旅游地的人类活动和自然环境是否和谐,人与人之间是否和谐,旅游者自身与自然环境是否和谐成为生态审美的重要概念形态。生态旅游者在生态审美过程中始终追求旅游设施、旅游服务、旅游产品甚至旅游方式与旅游地自然环境的协调,与自己的生态审美观协调。

(四)保护自然环境的审美观

所谓自然环境,通常是指影响人类生存和发展的自然因素的总和。研究表明,生态系统的生物种类越少,结构越简单,食物链越短,对外界的干扰反应越敏感,抵御能力越弱,生态系统越不稳定;反之,生物种类越多,食物链越长,结构越复杂,则生态系统的稳定程度越高。生物多样性是生态系统平衡的基础,所有的动物、植物、微生物构成了生机勃勃的大千世界,构成了自然美的框架。每一个物种就是一种综合的系列美,失去了一个物种,就失去了一种综合的系列美。当前,全球气候变暖和海平面上升,臭氧层被破坏,土地沙化,淡水短缺,森林面积减小,生物多样性锐减,大气、水、土壤污染,人口剧增,使"人口—资源—环境"系统的稳定性受到严峻挑战。因此,人类应充分认识到保护自然环境的重要性。

人类自然环境的保护已成为生态美学和生态伦理学的中心观念。生态旅游业既然是以自然界为基础的旅游业,就需要人们对自然界负责,在旅游过程中,懂得如何去爱护自然,保护自然,并对已造成的污染做出妥善处理。对于进入保护区进行生态旅游的游客,许多规定不仅没有扫他们的兴,反而使他们的审美情趣在旅游过程中得到了提高,给他们留下了很深的印象。

（五）探索自然奥秘的审美观

自然环境每时每刻都在变化，自然环境的运动和变化是绝对的、永恒的，这正是自然环境的美充满生机和活力的主要原因。自然环境是神秘莫测、变化无穷的。客观景观的景象大大超出主体的想象时，会使主体获得超乎寻常的审美感受。大自然美的无限性和人类认识能力的有限性成为驱动人们探索自然美的动力，促使人们去探索，去认识，去发现。在探索自然环境意识的驱使下，探险、探秘、探奇并从中获得愉悦，是生态旅游者的另一种生态审美观。

（六）回归自然的审美观

随着工业文明和城市文明的高度发展，自然环境对人类生产和生活的限制越来越小。但与此同时，人类反而越来越强烈地表现出回归自然的愿望。

首先，回归自然意识主导下的自然审美观，把人与自然和谐共处的图景作为自然美的标志，如鸡鸣犬吠、小儿嬉戏、麦浪起伏、稻花飘香、炊烟袅绕的农村田园风光，民风淳朴、与自然和谐共处的少数民族聚集地等。

其次，回归自然意识主导下的自然审美观念，不仅把回归自然看作在空间上从城市向农村、森林或其他自然地的移动，更重要的是生活观念、生活方式及行为上的回归自然。

在生态旅游中，生态旅游者往往以与自然融为一体，达到人与自然和谐统一的“物我两忘、无我无他、天人合一”的状态作为至高至妙的审美境界，自然美也在这种回归自然意识中被赋予了新的含义。

通过对生态旅游者审美心理和生态审美属性的分析可以发现，现代人的生态审美观的起源、形成和发展有着深刻的社会人文背景，它根源于人类对人与自然关系的正确认识和觉悟。

第四节　生态旅游意识的培养

一、生态旅游意识的内涵

生态旅游意识是人类对生态环境与人类发展关系的客观反映，是人们对生态和环境的基本认识和态度。一方面，生态旅游意识反映了人们对生态和环境问题及其危害的认识水平；另一方面，它又体现在人们保护环境的自觉行为上。生态旅游意识一般分为两个层次：一是从每天的日常生活经验中产生的日常生活环保意识，二是通过接受宣传和教育养成的生态意识。这两种意识的一致性越强，生态旅游意识就越强。公众对生态环保知识的渴望与生态环保知识水平是生态旅游意识形成的基础。公众探求知识的原始动力源于环境问题对其生存所产生的威胁。而公众从法律、道德的角度出发，约束自己的行为并积极参与到生态环境保护事业中去，才是生态旅游意识的最高境界。

生态旅游意识在游憩活动中的表现为：遵循生态原则，坚持环保理念，不损害旅游对象和周围环境，在理智、关爱、艺术追求和哲学反思的前提下进行旅游并从中学习户外知识，获取自然美感和身心愉悦；在寻求最大限度地满足自己对自然美景的享受和对历史文化的了解需求的同时，进行无公害旅游。

二、培养生态旅游意识的具体措施

培养生态旅游意识的具体措施有以下几个方面。

（一）加强新闻媒体的宣传引导

新闻媒体通过其导向功能引导人们的环境行为和活动：一方面，表彰那些在环境保护方面做出成绩和贡献的单位和个人；另一方面，揭露和批判那些污染环境、破坏生态的行为和不按环境保护政策法规行事的单位和个人。新闻媒体还通过其教育功能，增强国民的生态意识，并采取各种生动活泼的形式，向公众进行环境保护的教育，宣传环境保护的政策法规和科学知识。比如《中国环境报》曾专门开辟了“环境教育”专栏，分若干层次对小学生、中学生、大学生以及一般民众进行环境保护基本知识的教育，包括什么是环境污染，各类环境标准是什么，我国环境的基本状况如何，人类与环境是什么关系，甚至具体到为什么要保护珍稀动植物，国家保护的珍稀动植物有哪些等。中央电视台也曾举办过“环境科学知识普及讲座”，并且继《动物世界》后，又开办了《人与自然》节目。

（二）将生态意识教育作为素质教育的重要组成部分

全面实施素质教育，是我国为加快实施"科教兴国战略"与"可持续发展战略"而做出的一项重大决策。实现可持续发展这一目标意味着一场变革，包括人类价值观以及人类生产方式和生活方式的变革。其中，以新价值观的形成为核心的生态意识的产生与发展具有先导性的作用。而素质教育本身就是一种培养可持续发展人才的教育思想，其根本宗旨在于提高全体国民的整体素质，促进国家与社会的可持续发展。要增强人们的生态意识，最根本的是从教育抓起，特别是从幼儿、中小学学生的教育抓起，使国民从小就受到生态环境科学知识的教育，具有生态意识，养成在生产和生活中自觉保护环境的良好习惯。生态意识不可能自发、自动地产生，主要靠教育和实际行动。中小学的生态环境教育是素质教育的重要组成部分，生态意识的形成对人的环境素质的养成具有重要的奠基作用。生态环境教育是价值教育，是面向未来的一项伟业。如果没有各阶层公众生态意识的提高，特别是青少年一代生态意识的提高，生态意识就不可能成为全民族深层的自觉意识，即使制定了非常好的可持续发展的战略，也很可能只是作为一种设想存在，难以变成全民族的实践行动。在这个意义上，增强青少年的生态意识与素质具有关键性的意义。

（三）开展生动的生态旅游教育

生态旅游具有重要的环境保护教育功能。游客通过参加生态旅游接受环境保护教育的形式要比在其他环境中更生动，更直接，更有说服力。环境保护教育是开展生态旅游活动的主要目的和功能之一。生态旅游中环境教育的主要任务是使游客接受环境科学和生态科学知识，掌握保护生态环境的基本知识技能。

与生态旅游直接相关的人有生态旅游景区和景点的领导干部、专业技术管理人员、服务接待人员、当地居民和游客等。由于上述各类人员在生态旅游环境保护中的地位、作用和影响不同，在实施生态旅游教育的具体过程中对他们进行教育的内容及方法也有所不同。

1. 对领导干部的教育

领导干部的生态意识如何，对生态旅游景区和景点的环境影响重大。对领导干部进行生态环境教育，首先要增强他们对生态环境保护的历史责任感和危机感，其次要提高他们理解生态环境保护政策法规的水平和科学决策能力。

2. 对专业技术管理人员的教育

专业技术管理人员是生态旅游景区和景点总体规划与有关政策法规的执行者，也是日常旅游管理的实施者。对他们的生态环境教育，主要是加强责任心和事业心，掌握生态环境保护的基本知识和技能。

3. 对服务接待人员的教育

服务接待人员包括经营住宿、餐饮、零售、客运等行业的人员。这些人直接面对游客，又经常居住在生态旅游景区内，对生态旅游的环境有很大的影响。要向他们宣传生态环境保护知识，提高他们的职业道德水平和生态素养。

4. 对当地居民的教育

对于当地居民，首先要耐心地宣传国家有关环境保护的政策法规，重点讲解《风景名胜区管理暂行条例》中的相关条款，使其具有初步的生态意识；其次要协助他们逐步改变生活及生产方式，杜绝乱砍滥伐等破坏生态环境的行为，并为他们提供必要的生产和生活条件。

5. 对游客的教育

游客是旅游活动中的主体，人数众多，成分复杂，活动范围不定。对游客的生态环保教育，在其旅游过程开始之前就应着手进行，在游客购票进入旅游区时和在游客旅游过程中也要抓紧进行。具体形式有旅行社的推销宣传，门票上的警示语句，以及旅游景区和景点的宣传栏牌、标语等。这些形式要加强感情色彩和艺术内涵，如使用“芳草茵茵，悦目赏心”“带走的花儿生命短暂，留下的花儿才是永远”等宣传标语。

第三章　生态旅游资源

作为生态旅游活动直接对象的生态旅游资源，随着生态旅游活动的发展而逐渐进入人们的视野。

第一节　生态旅游资源的内涵

一、生态旅游资源的概念

生态旅游资源是随生态旅游活动而出现的概念，它既是吸引生态旅游者"回归大自然"的客体，又是生态旅游活动得以实施和生态旅游得以形成和发展的物质基础。

生态旅游资源是指以生态美吸引旅游者前来进行生态旅游活动，为旅游业所利用，在保护的前提下，能够产生可持续的生态旅游综合效益的客体。国内外学者对生态旅游资源的含义有着不同的理解，具体如下。

生态旅游资源就是指以生态美（包括自然生态和人文生态）吸引旅游者前来进行生态旅游活动，并为旅游业所利用，在保护的前提下，能够实现环境的优化组合、物质能量的良性循环、经济和社会协调发展，能够产生可持续的生态旅游综合效益，具有较高观光、欣赏价值的生态旅游活动对象。

生态旅游资源是在自然场所或自然与历史文化相融合的场所中，可供生态旅游者感知、享受、体验自然生态功能与价值的资源。

生态旅游资源就是按照生态学的目标和要求，实现环境的优化组合、物质能量的良性循环以及经济和社会的协调发展，并有较高观光、欣赏价值的生态旅游区。

凡是能够造就对生态旅游者具有吸引力环境的自然事物和具有生态

文化内涵的其他任何客观事物,都可以构成生态旅游资源。

生态旅游资源是以自然生态景观和人文生态景观为吸引物,满足生态旅游者生态体验的、具有生态化物质的总称。

生态旅游资源是在自然场合或自然与文化相融合的场所中,可供生态旅游者审美、感知、享受、体验自然功能与价值,可以为旅游业开发利用的环境和景观,包括生态旅游景观资源和生态旅游环境资源。

二、生态旅游资源概念的基本点

从生态旅游系统的“四体”(主体——生态旅游资源,客体——生态旅游者,媒体——生态旅游环境,载体——生态旅游业)构成来分析,生态旅游资源的概念涵盖了四个基本点(如图 3－1)。

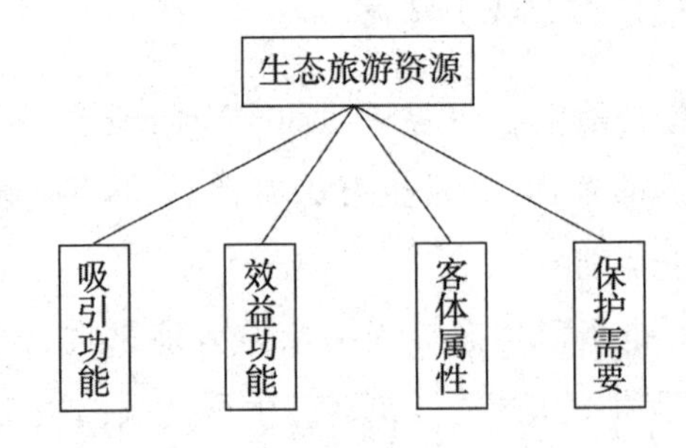

图 3－1　生态旅游资源概念的四个基本点

(一)吸引功能

凡是生态旅游资源都应具备对生态旅游主体——生态旅游者有吸引力的基本条件。生态旅游资源的吸引力源于其生态美,只有具有生态美的生态系统才能满足人们“回归大自然”的旅游需求。

(二)效益功能

生态旅游资源作为一种资源,必须具备经生态旅游业(生态旅游媒体)开发利用后能够产生经济、社会、生态三大效益的基本条件,这三大效益的发挥不仅注意近期横向的三大效益的协同发展,促使旅游业可持续发展,更为重视的是纵向上的可持续发展。

(三)客体属性

满足上述两大基本条件的客体均属于生态旅游资源。但在实际操作中，生态旅游资源的范畴争论相当大，西方国家和东方国家有不同的认识，同一国家不同学科的学者均有不同的认识，这也是生态旅游领域争论的焦点。

（四）保护需要

生态旅游资源及环境是生态旅游者“回归大自然”的对象，是原生或保护较好的生态系统，优质但脆弱，易被破坏，需要保护。这一基本特点也是生态旅游资源区别于传统大众旅游资源的关键点。

三、生态旅游资源与传统大众旅游资源的区别

旅游资源是指在自然和人类社会中，能够激发旅游者的旅游动机并促使其进行旅游活动，为旅游业所利用，并能产生经济、社会和生态效益的客体。其基本点有三个，即吸引功能、效益功能和客体属性。表面上看，似乎生态旅游资源定义与传统大众旅游资源定义的基本点只差一个“保护需要”，但实际上，二者相同的三个基本点也存在内涵上的巨大差异（表 3－1）。

表 3－1　生态旅游资源与传统大众旅游资源的区别

内容＼类型		生态旅游资源	传统大众旅游资源
要点数量		4 个	3 个
要点内容		吸引功能、效益功能、客体属性、保护需要	吸引功能、效益功能、客体属性
吸引功能	吸引动力	生态美（人与自然关系上的真、善、美）	美、奇、特
	吸引对象	具有环境知识和环保意识的生态旅游者	大众旅游者
	满足旅游者旅游需要	回归大自然	身心疲劳的恢复

续表

内容＼类型		生态旅游资源	传统大众旅游资源
效益功能	效益内涵	经济、社会、生态	经济、社会、生态
	效益关系	三大效益横向的协调发展与三大效益时间纵向的可持续发展同时考虑	三大效益横向的协调发展
客体属性	性质	一切具有生态美，又能经开发利用产生效益的自然生态系统及“天人合一”的人文生态系统	一切对旅游者有吸引力，又能开发利用产生效益的客体
	范畴举例	自然保护区、森林公园、风景名胜区、动植物园、田园风光、古朴民族风情等	历史文化名城、历史遗迹、城市风光、自然保护区、森林公园、风景名胜区、动植物园、田园风光、民族风情等
保护需要	保护目的	旅游业可持续发展	不提或提得少
	保护对象	生态旅游资源、生态旅游环境、旅游目的地社区利益	
	保护措施	贯穿规划、开发、利用、管理各个方面	

四、生态旅游资源概念的争议

生态旅游资源概念的争议主要集中在其客体属性的具体范畴，总结起来有下述几种。

（一）自然生态和文化生态的争议

“生态”是生物学上的概念，指生物与环境之间的关系。生态的本义是指自然生态，随着各类学科的发展，出现了人文生态的概念。生态旅游的最初概念的界定中，明确了生态旅游的对象，即生态旅游资源是属于“自然生态”范畴的，西方不少国家也严格按此来规定生态旅游的对象，尤其是加拿大、澳大利亚等生态旅游发展走在前面的国家，更是把生态旅游的对象限制在“国家公园”“野生动物园”“热带丛林”等纯“自然生态”的区域。生态旅游传至全球后，一些历史悠久的国家，如我国，千年悠久的历史文化已经将自然的山山水水熏染了浓浓的文化味，在传统的“天人合一”的哲学思想指导下，这些区域处处闪烁着人与自然和谐共处的“生态美”光芒。为此，我国的生态旅游资源不仅仅是具有“自然美”的自然生态景观，还应该包括与自然和谐、充满生态美的文化生态景观。

（二）生态优势的争论

就生态旅游的界定来说，部分学者坚持生态旅游资源应具备绝对的生态优势，认为只有比较原始的自然资源，特别是自然保护区、森林公园才是生态旅游资源。而另一部分学者认为生态优势的概念可以放宽，只要能够满足生态旅游者部分生态需求就可以认为是生态旅游资源，因此，一些市区或城郊的植物园、动物园等因具有与中心地的比较生态优势，也是生态旅游资源。甚至还有少数学者认为，对于来自环境污染较为严重的城市的旅游者来说，一些环境保护较好的城市景观也可归入生态旅游资源的范畴。

（三）物质和精神的争论

物质性的自然保护区、森林公园等是生态旅游资源，对此争论不大，但“精神”是不是生态旅游资源却存在争议。[①] 我们认为，附着于物质景观上的精神，不仅是生态旅游资源，而且还是其灵魂，是旅游资源开发时需要发掘的、深层次吸引旅游者的精髓。只是和物质相比，它是无形的。据此，我们可将生态旅游资源的物质部分视为“有形生态旅游资源”，精神部分视为“无形生态旅游资源”。其中，无形生态旅游资源的内涵应包括蕴藏于有形生态旅游资源中的美学内涵、科学内涵、文化内涵及环境教育内涵。

（四）旅游接待设施的争议

生态旅游接待设施从大的方面看应归为旅游业，但一些具有地方特色的旅游交通设施对旅游者有特别的吸引力，如骑马、溜索、吊桥等特色

---

① 陈玲玲，严伟，潘鸿雷.生态旅游理论与实践[M].上海：复旦大学出版社，2012.

旅游交通设施，从它对旅游者的吸引力这一点看，我们不能否认它的资源性。因此，凡是具有地方特色，能烘托旅游气氛，具有当地生态特色的旅游接待设施都应该视为生态旅游资源。

（五）旅游服务的争议

旅游服务从大的方面也该归为旅游业，但一些能够渲染当地生态旅游气氛的优质服务对旅游者具有吸引力，如少数民族的歌舞伴餐等均可视为生态旅游资源。

（六）天然和开发的争论

经济学家认为，"资源"一词应解释为"生产资源和生产资料"的天然来源，即资源是指未经开发的、天然的物质条件，也就是说，只有原始的生态系统才能算作生态旅游资源，而已经开发的就不能列入生态旅游资源的范畴。旅游学家却持相反的观点，他们认为只要对旅游者有吸引力，旅游业利用以后能够产生效益的均可视为资源。对这两类观点进行综合，可把未经开发但对旅游者有吸引力的生态系统视为"潜在的生态旅游资源"，如一系列未开发的山川田野；而把已开发且对旅游者有吸引力，旅游业已经利用产生了效益的生态系统视为"现实生态旅游资源"。

根据上述的争论，我们认为，在我国，生态旅游资源应该包括下述客体范畴。

(1)一切具有生态美的生态系统都是生态旅游资源，既包括自然生态系统，也包括人与自然和谐共处的文化生态系统。

(2)自然保护区和森林是生态旅游资源的重要组成部分，但不是全部。

(3)生态旅游资源既包括有形的生态旅游资源，也包括无形的生态旅游资源。

(4)具有地方特色，能烘托吸引旅游者的生态旅游气氛的旅游接待设施和旅游服务均可视为旅游资源。

(5)只要对旅游者有吸引力，旅游业开发和利用后能产生效益的生态系统均可视为生态旅游资源，只是存在"潜在"和"现实"的差异。

第二节　生态旅游资源的特征

生态旅游资源的特性取决于生态旅游的特性。生态旅游资源作为生态旅游业吸引旅游者的客体，经开发利用后应产生经济、社会、生态三大效益，其本身又源于自然，在生态、自然、社会和经济四个方面都具有自己的属性特征，据此可以总结出生态旅游资源的十大特征(图 3－2)。

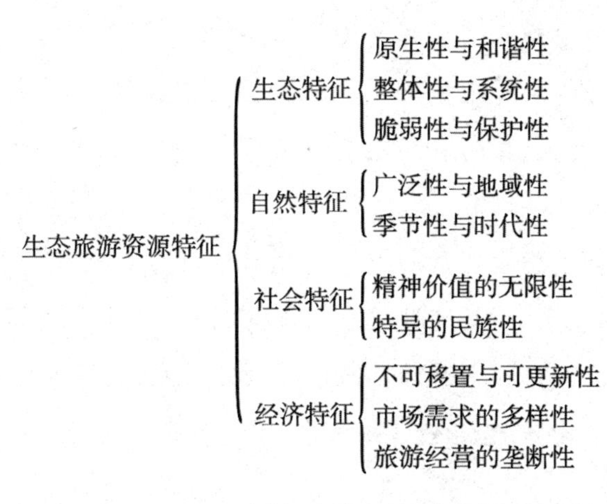

图 3－2　生态旅游资源的十大特征

一、生态特征

生态旅游资源作为一个生态系统，在其形成上具有原生性与和谐性特征，在其构成上具有整体性和系统性特征，因其自身的脆弱性，故需保护。

(一)原生性与和谐性

原生性是指生态旅游资源作为一个生态系统原本是自然生成的，如我们通常所说的“原始森林”。原生自然生态系统既包括让人赏心悦目的山地、森林，也包括一望无际、荒无人烟的荒漠。原生自然生态旅游是大自然经过几十亿年的演化，生命与当地环境磨合而成的，除了感观上的赏心悦目，更以丰富的美学、科学及文化内涵吸引着旅游者。

和谐性是指人遵循生态学规律，与自然共同创造的，与自然和谐共处的文化生态系统。这些生态系统的形成有的是因为生产力限制顺应自然而建，如农耕文明的田园风光；有的则是在“天人合一”的思想指导下所建，如中式园林；有的则严格遵循自然生态学规律所建，如野生动植物园等。这些文化生态系统都有一个共同的特征，即人与自然和谐共处，或者说具有和谐之美。

（二）综合性与系统性

综合性是指生态旅游资源是由地形、地貌、气候、水文、植物、动物及当地民族等生态因子所组成的一个综合体。如森林，其生长离不开当地的气温、水文及土壤，其内有与之相互依存的动物，当地人依靠它生存和发展。

系统性是指生态旅游资源系统各组分之间存在着相互联系、相互依存、相互限制的关系，正是这种关系使其构成一个有机的系统。在这个系统中存在着自己特有的生态结构特征以及能量流、信息流和物质循环，旅游者作为一个生物体加入这一系统的同时，对这一生态系统的演替发挥重要作用。

（三）脆弱性和保护性

脆弱性是指生态旅游资源系统对作为外界干扰的旅游开发和旅游活动的承受能力是有限的，超出这一限度，生态旅游资源的稳定性就会受到破坏。从旅游开发方面看，不了解生态旅游资源的这一特征会造成对生态旅游资源的破坏；从旅游管理方面看，只顾眼前的旅游经济效益，不顾生态旅游资源的承载力进行超载经营，必将对生态旅游资源造成破坏。

针对生态旅游资源的脆弱性，为了生态旅游资源的可持续利用，保护成为必然。欲在旅游开发和管理中有效地保护生态旅游资源，就必须遵循生态学规律，在开发上应坚持保护性开发原则，在管理上应杜绝旅游超载现象。[①]

---

① 程葆青，谢珍真，丁丽卉．景区环境管理［M］．北京：中国旅游出版社，2017.

二、自然特征

生态旅游资源作为生态旅游系统中的客体，存在着时空分布规律，在空间上具有广泛性与地域性特征，在时间上有季节性和时代性特征。

（一）广泛性与地域性

广泛性是指生态旅游资源作为客观存在，分布极为广泛。从天文空间规模来看，不仅地球上存在生态旅游资源，在宇宙空间也存在吸引人们前去探索的奥秘，当然，后者在目前的经济发展水平下只能作为“潜在”的生态旅游资源；从地文空间规模来看，整个地球，从赤道到两极，从海洋到内陆，从平原到高山都存在生态旅游资源。随着科技和经济的发展，过去无人问津的南极、北极地区也逐渐发展为生态旅游之地；从区域空间规模来看，不仅人烟稀少的山区，在城市附近甚至城市内也都存在生态旅游资源。

地域性是指任何生态旅游资源都是在当地特有的自然及文化生态环境下形成的具有与其他地方不同的地方性特征，即大自然中，无法找到完全一致的两个地方。如海洋和陆地不同，森林和草地不同，即便是森林，北方的森林与南方的森林也有很大差异。正是这种不同，激发了旅游者的旅游动机。

（二）季节性和时代性

季节性是指生态旅游资源的景致在一年中随季节而发生变化。这一特征决定了生态旅游活动的季节变化。例如：春暖花开，适合温带地区久困严冬的人们外出；多雨地区的夏季适合进行观瀑等活动；秋季红叶是九寨沟和北京西山最佳的景致；冬季则是滑雪和观冰雕的最好季节。实质上，从时间上来看，自然景致在一日内也有变化，出现具有旅游意义的生态景致，如清晨的日出、傍晚的日落，都是人们观赏的自然生态景观。

时代性是指在不同的历史时期、不同的社会经济条件下，由于旅游者的兴趣的变化，旅游资源的对象是不同的。例如，我国现代旅游发展之初，人们认为只有欣赏文物古迹才是生态旅游。随着旅游业的发展以及绿色旅游消费潮的兴起，自然生态也逐渐作为旅游对象而成为生态旅游资源，食农家饭、喝农家水的田园旅游也仅是近几年才兴起的生态旅游活动。相比之下，一些热极一时的人造景观却因对旅游者失去吸引力而从旅游资源的范畴中隐去。

三、社会特征

生态旅游资源在社会方面具有精神价值的无限性。精神价值的无限性是指渗透于有形生态旅游资源的无形的精神价值留给人们创造和想象的空间是无限的。生态旅游资源的精神价值包括美学价值、科学价值、文化价值以及环境教育价值。生态旅游资源的开发不仅仅是修路、筑桥、开饭店，更重要的是从有形的生态旅游资源中发掘出精神价值。事实也证明，一个地方旅游开发成功与否，这一点是关键。

四、经济特征

生态旅游资源作为旅游业获得效益的基础，从资源的角度上有不可移置性和可更新性特征；从市场需求上看有多样性特征；从旅游经营上看，具有资源及市场的垄断性特征。

(一)不可移置性与可更新性

不可移置性是指生态旅游资源的地域性特征决定了它在空间上不可能完全原样移位。任何生态旅游资源都是在特定的自然地域及社会经济条件下形成的，可以移植一棵树，但却不可能移去其周围的环境及相互间的关系，故整个生态系统是不可能移置的。我国曾一度流行将不同地域的人文旅游资源浓缩于一园，以吸引更多的旅游者，如锦绣中华、世界之窗等。在中国旅游业发展初期，旅游者不甚成熟，在经济发展与旅游需求关系不对称的状况下，这种移置景观确有市场，但随着时间的推移，旅游者逐渐成熟，这种只能移其“形”而难以移其“神”的景观生命力每况愈下。认真分析不难发现，这一做法本身就违背了旅游资源不可移置性的规律。人文景观尚且如此，生态旅游资源就更不能移置了。

可更新性是指生态旅游资源由于其生态系统内生物组分具有可更新性，它在生态规律下可以重新形成新的生态系统。正是因为这一特点，我们在生态旅游开发时，可对一些过去曾被工农业及旅游影响甚至破坏的生态景观进行生态建设，如陡坡地上的退耕还林、污染水体的治理。也正是因为这一特征，生态旅游业具有保护和治理环境问题的潜在功能。

（二）市场需求的多样性

市场需求的多样性是指生态旅游者对生态旅游资源的类型、品位及空间距离的需求是不尽相同、各种各样的。从资源类型上看，有的旅游者喜欢秀美的山水景观；有的喜欢一望无际的大海、平原、沙漠景观；有的喜欢高耸入云的雪山冰川景观；有的喜欢世外桃源般的田园景观；等等。从品位上看，由于高品位的生态旅游目的地意味着高价值，旅游者各自经济上的差异就决定了有人出入于世界自然遗产地，有的则寻求便宜的一般目的地。从空间距离看，旅游者的旅游需求是由其剩余经济和闲暇时间所决定的，一些剩余经济丰足、闲暇时间多的人往往喜欢远距离旅游，反之则寻求近距离旅游；而且，同一旅游者，闲暇时间长时可能出远门旅游，而在类似周末的短时间往往选择近郊旅游。生态旅游资源旅游需求的多样性决定了其旅游开发也应以满足旅游者的多样需求为目标来规划设计。

（三）旅游经营的垄断性

旅游经营的垄断性是指生态旅游资源的地域性和不可移置性决定了经营者具有独家经营的垄断性特征。正因为这一特征，在旅游经营上，不需要打“假”，因为旅游者对生态旅游资源的真假是有足够的分辨能力的，生态旅游资源的“专利权”也受到大自然的保护，无人能够侵犯。[1] 如湖南省的张家界国家森林公园由湖南省经营，其他任何地方都不可能推出第二个张家界森林公园。

---

① 韦倩虹，肖婷婷．生态旅游学[M]．北京：冶金工业出版社，2022.

第三节　生态旅游资源的类型

为了能够系统地认识、开发利用及有效地保护生态旅游资源，有必要对其进行系统的分类。总的来说，生态旅游资源可以分为以下几种类型。

一、陆地生态旅游资源

陆地生态资源是自然形成的，在陆地生态系统中具有较高生态旅游价值的是森林、草原及荒漠，其中尤以森林的生态旅游价值最高，世界自然保护区中，半数以上为森林生态系统。一望无际的草原也有较高的生态旅游价值，尤其是牧业利用草原后更提高其旅游价值；荒漠具有广袤之美，荒漠中的生物为抗争不利生存环境而具备的适应特性中蕴含着生命活力之美，这使得荒漠也具有生态旅游价值。

（一）森林

从生态学角度来看，森林是一个生态系统，是指以乔木为主体的生物系统与环境系统之间进行能量流动、物质循环和信息传递，并具有一定结构的特定功能总体。从环境保护的角度来看，森林具有涵养水源、保持水土、防风固沙、调节气候、净化空气、防止噪声、防止污染、保护和美化环境等多种功能。从旅游角度来看，风景秀丽、气候宜人的森林的旅游价值体现在以下几个方面。

(1)森林中富含负离子氧，能使人消除疲劳，促进人体新陈代谢，提高人体免疫能力。

(2)森林的美景能给人以美的享受，陶冶人的情操。

(3)森林中千姿百态的景物可以激发人的想象力和创造力。

(4)森林中蕴含的大自然奥秘能够激发人更深层次地认识生命的价值，使人热爱自然，树立环保意识，是人们回归大自然的理想场所。

从分布上看，森林可分为热带森林、亚热带森林、温带森林和寒带森林，其中尤以热带森林的旅游价值最高。

人类对于森林美学价值的认识是一个既古老又年轻的命题，但将森林景观作为一种旅游资源则是近些年的事。森林的美学特征可表现为色彩、体态、形态、形状、气味和声响等多个侧面。森林的色彩固然以绿色为基调，但深浅浓淡千变万化，各有不同。知名作家老舍先生在《内蒙东部纪游·大兴安岭二首》中写道："高岭苍茫低岭翠，幼林明媚母林幽。"这是对森林的描述。森林景观存在着明显的季相变化，常常是春季山花烂漫而秋季红叶满山，美不胜收。如东北东部山区的针阔叶混交林，秋季是柞树叶变红，落叶松变黄，而红松仍保持绿色，远看山林五色斑斓。古往今来不少诗词吟咏这种森林景色之美，如杜牧的"霜叶红于二月花"，王绩的"树树皆秋色，山山唯落晖"等。

人类对森林的认识和利用经历了从栖息地到把森林作为主要建筑材料和能源的阶段。直到近代，人类才逐渐认识到森林作为绿色屏障的巨大生态效应，以及森林作为生物多样性和物种资源宝库的重要意义。森林可以涵养水源、调节径流；可以保护土壤不受侵蚀，促进土壤发育；可以净化空气，产生空气负氧离子，调节大气化学组成，保持大气中的氧和二氧化碳平衡；可以调节气候，减缓气候变化；可以保持物种和基因资源，为森林动物提供庇护地。

（二）草原

草原是指在半干旱气候条件下，以旱生和半旱生多年生草本植物为主的生态系统。草原在世界广泛分布，热带草原表现为草被上散生稀疏的乔木，即热带稀树草原；温带草原主要以禾本科植物连绵成片分布，缺乏散生乔木，是最典型的草原，旅游审美价值极高，城市绿化中，多模仿此种草原类型。另外还有一种在湿生环境生长草被为主的草甸，草甸据其生境又可分为河流旁的泛滥草甸，次生的大陆草甸及高海拔山地上的高山草甸，其中，高山草甸夏秋之季特有的"五花草甸"景观具有极高的旅游价值。我国草原主要分布于温带内蒙古高原、黄土高原及新疆，高山草甸大面积分布于我国西部高海拔地区，这些区域同时为我国牧场所在地，结合牧民浓郁的民族风情，是一个生态休闲度假的好去处。

(三)荒漠

荒漠是指在干旱、极端干旱地区降雨量不足200毫米,年蒸发量超过2000毫米甚至5000毫米(撒哈拉中央)条件下,地表裸露植物生长极为贫乏之地,即所谓"不毛之地"。按其地表组成物质,分岩漠、砾漠、沙漠、泥漠、盐漠等。其中以沙漠分布最广,砾漠(戈壁滩)次之。

荒漠作为生态旅游资源不是以"山清水秀"带给人们感官的愉悦,而是以它一望无际的旷远之美吸引旅游者,更为重要的是在荒漠生态系统中,生命在"逆境"中所表现出来的惊人的适应环境的能力,蕴含着深刻的人生哲理,即丰富的"生态美"内涵。

世界上荒漠分布的面积较广,非洲北部、中亚、西亚、阿拉伯半岛、大洋洲等地都有大面积荒漠分布。我国的荒漠属中亚荒漠的一部分,分布于西北各省、自治区,其中尤以新疆分布面积最广。

二、水体生态旅游资源

水体生态旅游资源是和陆地生态旅游资源相对应的另一大生态旅游资源,也是自然形成的。在众多的水体生态系统中,海滨、湖泊、温泉及河流具有较高的旅游价值。

(一)海滨

海滨是指滨海的狭长地带,主要指平均低潮线与波浪作用所能达到最上界线之间的地带,由四部分组成:①固体态的海滩,据其质地分为砾滩、沙滩和泥滩;②液态的海水;③气态的空气;④绿色后腹地。海滨的旅游价值最为人们认识和利用,其特有的"3S"[sun(阳光),sea(大海),sand(沙子)]资源使不少海滨地成为世界著名的旅游度假胜地。

(二)湖泊

地面上陆地积水形成比较宽广的水域称为湖泊。湖泊以其烟波浩渺的旷远之美及与周围山地、森林共同构成的"山清水秀"的景色,再加上湖滨的湖水潜在的游泳、潜水等水中娱乐功能,使湖泊成为对旅游者具有很大吸引力的旅游目的地。我国的青海湖、鄱阳湖、长白山天池等湖泊所在地都是著名的旅游胜地。不仅天然形成的湖泊具有极高的旅游价值，服务于农业灌溉的水库，即人工湖泊也成为生态旅游开发利用之地。

（三）温泉

温泉是指水温超过20℃的泉水，也有人认为只有水温超过当地年平均气温的泉水才能称为温泉。由于温泉是地表水渗透后循环到地表深部，经地温加热，且溶解了大量的矿物质和微量元素，用于沐浴有消除疲劳的效果，故人类很早就将温泉所在地辟为疗养之地，如我国著名的华清池。随着旅游业的发展，温泉旅游资源正越来越受到旅游业的广泛关注和利用。

（四）河流

河流是指降水或地下涌出的水，汇集在地面低洼处，在重力作用下，经常地或周期性地沿流水本身塑造的洼地流动的水体。河流从其段位上，可分为源头、上游、中游、下游及入海口（外流河）。其中最有旅游价值的是源头、上游及入海口。大河的源头往往位于高海拔的高原地区，如我国的长江、黄河的源头均位于青藏高原，不仅源头特有的山清水秀的景致对旅游者有吸引力，而且大江大河之源，还具有较高的科考价值；上游河流多呈“V”形态，与两侧近乎直立的山地构成具有险峻之美的峡谷景观，是人们探险、漂流、观光的好地方。上游河流往往多瀑布，气势宏大的瀑布历来作为旅游之佳品。有的河流的入海口与海潮共同构成了巨大的潮差，显示出自然界的壮丽之美，如我国的钱塘江大潮。世界著名的亚马孙河、恒河、多瑙河均有较高的旅游价值，我国的长江、黄河也被辟为黄金旅游线路。

三、农业生态旅游资源

农业生态旅游资源是指蕴含着人与自然共同创造的，具有生态美的景观及“天人合一”的文化内涵的传统农业，其中农耕的田园风光、牧场、渔区及富有浓郁地方特色的农村具有较高的生态旅游价值。

(一)田园风光

田园风光是传统农业顺应大自然,与自然共同营造的具有一定规模和审美价值的种植景观,根据种植作物的不同可以分为乔木、矮树、灌木与草本四类。其中,矮树及草本四周景观旅游价值最高。矮树种植景观有温带桃、梨、苹果等果园景观,果园中春之花、秋之果,不仅具有观赏价值,而且其采摘的参与及品赏更具生态旅游价值。草本种植风光更具旅游价值,一是因为小麦和水稻种植广泛,具有一望无际的规模效应;二是这些种植景观均有明显的季相变化,春季绿油油,秋季黄灿灿,随风起伏,既有"绿"的气息,更有丰收的喜悦;尤其是山区的水稻梯田、油菜种植基地等,沿等高山拾级而上随地形有规律地弯曲形成的特有地形,极具审美价值,我国云南元阳哈尼族人所建的梯田堪称人间一绝,有"元阳梯田甲天下"之美誉,云南罗平的油菜种植基地也久负盛名。

(二)牧场

在草原地区,牛、羊等动物所形成的动物与自然环境和谐共处的牧场景观,对久居闹市的城市居民来说堪称世外桃源。那"风吹草低见牛羊"的景色历来为人们所称颂,具有深刻的精神文化价值。牧民特有的游牧生活,有着深刻的顺应自然的人生哲理和地方特色。上述种种均对旅游者回归大自然有着独到的吸引力。我国东北草原牧区、内蒙古牧区、高山草甸牧区均以此作为吸引旅游者的生态旅游资源。

(三)渔区

渔区泛指渔业生产的区域。从区域上看,主要是以海上和湖上的捕捞区范围为主。位于东海的舟山群岛附近海域,盛产大、小黄鱼,墨鱼和带鱼,是我国著名的渔场之一。从类型上看,渔业也随着社会经济的发展由单纯的捕捞发展为放养,并将观鱼、钓鱼、品尝鲜味鱼融为一体,因此,渔业生态旅游备受旅游者喜爱。

(四)农家

远离城市,以农业为主要生产方式的传统农村居家生活对日趋现代化、远离大自然的城市居民有着特殊的吸引力。其原因有三个方面:第一，传统农家生活以大自然为背景，是一种人与自然和谐共处的生活；第二，传统农家具有与当地环境相和谐的地方性特色，其民族风情保留较为浓郁；第三，传统农家具有的“好客”传统给竞争激烈、人情淡漠的城市居民带来了一种久违的亲切感。正因为如此，在农业生态旅游中，“农家乐”旅游悄然兴起，人类发展之初的生活体验、回归自然的感觉在此找到了归宿。

四、园林生态旅游资源

园林景观与当地的文化结合，形成了各具特色的园林生态旅游资源。东西方文化的巨大差异形成了各具特色的东西方园林，其中，中国园林最具东方特色，意大利及法国的园林最具西方特色。

（一）中国园林

中国园林艺术是中国传统文化的重要组成部分，作为一种载体，它不仅客观真实地反映了中国历代王朝的社会经济情况、历史背景，而且鲜明地折射出中国人的自然观、人生观和世界观的演变，蕴含了儒、释、道等哲学或宗教思想及山水诗画等传统文化，同时也凝聚了中国古人的勤劳与智慧，抒发了中华民族对自然的热爱和对美好生活的向往之情。

中国人以绘画原则建造园林，其目的是满足人们亲近自然的愿望与需求。中国传统造园艺术的最高境界是“虽由人作，宛自天开”，这一中华优秀传统文化中“天人合一”的思想在园林中的体现渗透到山水构架、花木配置、小品建筑、园路设计等各个方面。这一独特的风格使得中国园林在世界园林建筑领域享有举足轻重的地位，是不可多得的生态旅游资源景观。

中国园林据其地方差异可分为北方园林、江南园林和岭南园林；根据园林的所有权又分皇家园林（如承德避暑山庄）和私家园林（如苏州拙政园）。在众多传统园林中，颐和园、承德避暑山庄、苏州留园和拙政园被称为中国四大名园。

(二)西方园林

西方人以建筑原则建造园林,追求的是一种在自然的基础上人间创造的艺术氛围,如宽阔的道路,宏大的台地,艺术的雕塑、河流、瀑布、喷泉,绿色的草坪、丛林,简直就是一个活的艺术博物馆。西方园林的“造”不仅体现在诸如雕塑艺术上,而且在植物上也与中国园林“师法自然”不同,大规模地修建“绿色雕塑”。当然,西方园林也存在各自的特色,如意大利的传统园林是“台地建筑式”,法国的传统园林是“平面图案式”。前者一般在山坡上选址,根据斜坡的长度,堆成几个台地,形成一种立体空间花园的感觉。后者则一般建在开阔的平地,甚至在沼泽低湿地,利用宽广的园路或笔直的河渠造成一种透视感,以展现其宏大之美。巴黎凡尔赛宫是欧洲古典园林杰作,布局按中轴线东西延伸,景物南北对称,宫殿主楼位于中轴线,两侧是星罗棋布的花坛、喷泉、池沼、雕像,周围不设围墙,园内绿化与园外田野连成一片。壮丽的凡尔赛宫充分体现了简洁豪放的园林风格。

五、科普生态旅游资源

旨在科学研究、科普教育及休闲旅游的植物园、动物园及自然博物馆,既是丰富旅游者自然科学知识,增强其环保意识的大课堂,也是人们获得高层次精神愉悦的场所,是生态旅游活动难得的地方。

(一)植物园

植物园是种植植物的园地,其中种植的植物具有研究和普及植物科学知识的作用。植物园的科研及科普双重功能决定了其在科普活动中的重要价值。英国皇家植物园(邱园)是世界一流的植物宝库和植物研究中心,其宜人的美景吸引了世界各地的人前去参观旅游。美国的阿诺德树木园、加拿大蒙特利尔植物园都是世界闻名的植物园。我国的中山植物园、庐山植物园、北京植物园、华南植物园、西双版纳热带植物园等,均是对旅游者有强烈吸引力的园地。

（二）野生动物园

野生动物园将几十种乃至上百种的野生动物集养于一园，根据野生动物活动受限的差异又可将其分为两类：一类是动物活动空间受限的“动物园”，如北京动物园；另一类是动物散居于园中的“天然野生动物园”。后者对生态旅游者吸引力较大。如非洲坦桑尼亚的塞伦盖蒂国家公园是坦桑尼亚野生动物最集中的地方，园内野生兽类总数达几百万头。有的天然野生动物园是专门性的，如博茨瓦纳的卡拉哈迪羚羊国家公园，园中多南非大羚羊、南非小羚羊和角马等。有的动物园是夜间开放的，如新加坡夜间野生动物园。

（三）自然博物馆

自然博物馆是“立体”的大自然百科全书，主要展示自然界和人类认识自然、利用自然和保护自然的知识，按其展示内容性质进一步区分为一般性自然博物馆和专业性自然博物馆。如美国自然历史博物馆、我国的国家自然博物馆是一般性的自然博物馆；法国人类博物馆、四川自贡恐龙博物馆是专门性自然博物馆。不少科学家甚至认为动物园、植物园、国家公园或自然保护区也是一种自然博物馆。

六、自然保护生态旅游资源

在自身极端的环境条件下人类难以涉足，或即使涉足，影响也在其承受范围内的北极、南极及高海拔山岳冰川区域，其原生生态系统得以较为完善地保留下来，这些区域随着人类科技、经济的发展，已日益成为一种重要的潜在生态旅游资源。

（一）北极地区

北极地区指以北极点为中心，北极圈以内的广大区域，其主体是世界四大洋中面积最小的北冰洋。北冰洋是一个非常寒冷的海洋，洋面常年不化的冰层占其总面积的2/3，厚度多在2～4m，冰层相当坚硬，可行驶车辆和降落重型飞机。北极圈内终年寒冷，极昼和极夜最长可达半年。极夜的严冬气温极低，最冷月平均气温达－40℃左右，而且越靠近北极点越寒冷，冰层也越厚，极点附近冰层厚达 30m。北冰洋中有许多岛屿，主要岛屿有格陵兰岛、斯匹次卑尔根群岛、维多利亚岛等。由于严寒，其生物种类极少，植物以地衣、苔藓为主，动物主要有北极熊、海象、海豹、鹿、鲸等，但数量不多。生活在北极地区的人主要为因纽特人，严酷的严寒环境条件下，因纽特人的食、宿及日常生产生活都极具特色，这些特点对生活于温暖地区的人具有巨大的吸引力。

（二）南极地区

南极地区指位于南极圈范围内的南极洲。南极洲是世界七大洲中最寒冷的冰雪大陆，包括南极大陆及附近的大小岛屿。1911 年 12 月 14 日，挪威探险家阿蒙森（Amundsen）率领南极探险队第一次到达南极点，从此南极才逐渐为人们所认识。南极洲位于地球南端，四周被南冰洋所包围，边缘有别林斯高晋海、罗斯海、阿蒙森海和威德尔海等。南极的动物种类也稀少，但数量可观，如企鹅，此外还有鲸、海豹、海狮、海象等动物。南极洲的极端环境条件，包括极寒的气温和季节性的极夜，使得在这里居住成为几乎不可能的事。南极洲没有商业、城镇，也没有永久居民。虽然有科学家和研究人员在南极洲进行临时性的科学考察和研究活动，但他们并不属于南极洲的常住人口。前往南极洲旅游或生活在南极洲的人主要分为两大类：一是在科研站或科研基地生活和工作的人，二是前往观光的游客。

（三）山岳冰川

上述南北极均存在巨厚的冰层，是大陆冰川。在地球表面高海拔山地区域，由于气候寒冷，当降雪积累的量超过消融量，积雪逐年增厚，经一系列物理过程，冰在重力的作用下向下滑动形成山岳冰川。山岳冰川的寒冻风化和侵蚀作用，使所在地的山峰棱角分明，山脊呈“刃”状，山谷呈“斗”状，具有极高的观赏价值。山岳冰川地区气候酷冷多变，气势宏大的冰峭随时可见。生活在山岳冰川附近的居民常把它奉为神，畏惧和敬慕之情使他们拜倒在大自然的山岳冰川之下，如青藏高原喜马拉雅山上的珠穆朗玛峰是世界最高的山岳冰川，被当地人奉为“女神峰”。位于尼泊尔东侧的喜马拉雅山已经开发了以直升机为交通工具的生态旅游。欧洲著名的阿尔卑斯山岳冰川很早就成为旅游胜地。

七、文化保护生态旅游资源

我国是一个多山的国家，从古至今，人们对山有着特别的精神寄托。中华五岳是中国传统文化中五大名山的总称。“五岳”与中国传统文化密切相连，当时的中国，不仅社会有等级，自然也等级，具有高大险峻自然特征的山体（即岳），具有“山之尊者”的地位。确定其地位的是至高无上的帝王，帝王按阴阳五行学说将全国分为东、南、西、北、中五大区。每区选出一座“领头的山”，并在此山上祭天（即“封”），此山脚祭地（即“禅”）。最早的封禅可追溯到秦始皇登泰山之行，到汉朝则基本确定五岳，即东岳泰山（山东），西岳华山（陕西）、中岳嵩山（河南）、南岳天柱山（安徽），北岳大茂山（河北）。以后南岳和北岳的位置有所改变，隋代改南岳为湖南衡山，明代改北岳为山西恒山。从古至今，我国许多名人被五岳所吸引，留下了丰富的艺术作品。

八、法律保护的生态旅游资源

在生态旅游资源中，最具旅游价值的是法律保护的生态旅游资源，归纳起来有世界自然遗产、自然保护区（或国家公园）、森林公园及风景名胜区。这些资源有的早已成为旅游的主要对象，有的正在开发之中。

（一）世界自然遗产

世界遗产包括文化遗产和自然遗产，联合国教科文组织于 1972 年成立世界遗产委员会，并制定了《保护世界文化和自然遗产公约》（以下简称《公约》）。《公约》规定了遗产申报批准的程序和具体的保护措施。自此，凡申报经联合国教科文组织世界遗产委员会批准认可的区域，均受到国际法律的保护，成为名正言顺的世界遗产保护地。

（二）自然保护区（国家公园）

自然保护区是在全球人类生存环境因人类活动而出现生存环境危机

的状况下，由科学家倡议，通过法律手段，杜绝人为破坏而达到保护目的的规定区域。全球最早建立的自然保护区是美国 1872 年所建的黄石国家公园。100 多年以来，自然保护区已在全球范围内建成网络，并有世界、国家及地方多级别。

保护区的功能包括保护、科研、教学、旅游、生产等多个方面。随着旅游业的兴起，自然保护区生态景观的美学价值为人们所认识，自然保护区成了旅游开发之“源”。我国的不少旅游地都源于自然保护区，随着生态旅游兴起，我国更是把自然保护区作为生态旅游开发的首选对象。然而自然保护区并不是整个都可作为生态旅游对象的，核心区是保护区最重要的地段，应严格保护，一般不允许旅游开发，外围的缓冲区和实验区可作为保护前提下的旅游开发利用区。

（三）森林公园

森林公园是以良好的森林景观和生态环境为主体，融合自然景观与人文景观，利用森林的多种功能，以开展森林旅游为宗旨，为人民提供具有一定规模的游览、度假、休憩、保健疗养、科学教育、文化娱乐的场所。建立森林公园，发展森林生态旅游事业是林业部门利用自身资源向社会提供高质量的旅游环境所进行的立体开发、综合利用的优势项目，是人们对森林与人类关系认识的深化，也是全面发挥森林多种效益的一项系统工程。为使森林公园的开发规划符合规范，我国于 1995 年颁布实施了中华人民共和国林业行业标准《森林公园总体设计规范》。

（四）风景名胜区

风景名胜区是指具有观赏、文化或艺术价值，自然景物、人文景物集中，环境优美，具有一定规模和范围，可供人们游览、休息或进行科研、文化活动的旅游区域。在我国，风景名胜区专指经住房和城乡建设部及各级政府批准的国家级、省级和市县级风景名胜区。由国务院发布的《风景名胜区管理暂行条例》对风景名胜区的开发利用及保护做了详细的规定，经过几十年的建设、运作，现各级风景名胜区已成为各地旅游者的主要目的地之一，其中国家级风景名胜区是各地的旅游“拳头产品”。

第四节　生态旅游资源的保护性开发

一、生态旅游资源保护性开发的新思路

生态旅游资源开发与过去传统的旅游资源开发比较，关键的差异在“保护”两个字上。传统的旅游资源开发，其开发和保护是分离的，而生态旅游资源的开发，开发和保护是融为一体的，且保护是开发的根本前提，即“保护性开发”。追索二者差异的根源，主要还是一个认识问题。

生态旅游资源的保护性开发是美国学者费内尔（Fenell）和伊格尔斯（Eagles）提出的概念，他们认为生态旅游的核心是生态旅游资源的保护。经过几十年的发展，生态旅游资源的保护性开发已注入了新的内涵和新的思路，总结起来有新目标、新观点、新模式、新认识和新原则。

（一）新目标——旅游业的可持续发展

旅游资源是旅游业发展的基础，生态旅游资源保护性开发的目标是旅游业可持续发展。

1. 传统旅游资源开发目标的误区

传统的旅游资源开发虽也讲“经济、社会、生态”三大效益的协调发展，但在实际操作上，我们可以看到，在三大效益的横向关系上，经济效益作为首要目标。在这种思想的指导下，以经济的驱动力进行旅游开发，旅游业会重蹈工业发展对环境的“先污染后治理”的覆辙。即便是经济效益，从纵向上看，追求的是尽快收回投资成本、牟取暴利的短期经济效益。在这种思想和行为下，不少名山胜水躲过了工农业的污染破坏，却难逃旅游业的不利影响，致使旅游资源的进一步利用出现问题，旅游业的发展仅是昙花一现。

2. 生态旅游资源开发的目标

生态旅游资源开发的目标定位在旅游业的可持续发展，其内涵有三个要点：第一是限制性条件，即开发的限制性前提是保护生态旅游资源及

其环境。为了保护，开发应在资源及环境的可承受范围内，超出这一范围，保护就成了空话一句，故生态旅游资源的开发应该是在强度上的控制性开发，在方式上的选择性开发。第二是最大效益，即生态旅游资源开发的近期目标是获得最大的效益，这一最大效益不是三大效益中的某一效益最大，而是三大效益协调发展而呈现的综合效益最大。第三是可持续效益，即生态旅游资源开发的远期目标是获得可持续的最大效益，这一可持续效益是建立在经济可持续、社会可持续、环境可持续基础上的整体三大综合效益的可持续。同时，追求可持续效益不是为了保护而降低整体效益，而是追求可持续的整体最佳效益。

（二）新观点——系统的观点、保护的观点

生态旅游资源保护性开发应坚持系统的观点，从系统的角度明晰保护的对象及关键。

1. 系统的观点

生态旅游资源开发应将开发对象视为一个系统，这一系统是由生态、社会和经济复合而成的系统。

在组成上，生态旅游资源保护性开发是一个复杂系统，是叠加在自然生态、社会、经济三大系统交汇区之上的，即整个系统是分为三个层次的。三大系统为基础层次系统，生态旅游系统是高层次系统。

在关系上，生态旅游系统对三大基础系统有依赖关系，即生态旅游系统要获得效益，必须依赖三大基础系统，与三个基础系统紧密联系。紧密联系意味着相互协调，在协调的三大系统基础之上，生态旅游才有可能获得最大的综合效益。

在操作上，生态旅游资源的开发必须全面考虑三大基础系统中各个要素，如保护，不仅保护生态环境，还应保护社会环境及经济利益。我们反对以牺牲环境换取经济发展，同样不主张因保护环境而压制经济发展。

2. 保护的观点

在旅游发展影响资源及其环境的保护的现状下，不少人认为，只要保护了资源和环境就能彻底解决问题，达到可持续旅游发展的目标。我们

认为，欲实现旅游可持续发展目标，生态旅游资源开发的保护有着丰富的内涵，至少应该包括保护对象体系和保护动力。

（1）保护对象体系

一个区域的生态旅游资源开发后要想实现旅游业可持续发展，保护的对象不仅仅是资源环境，还应包括社会文化及相应的经济利益，具体保护对象体系见图 3－3。

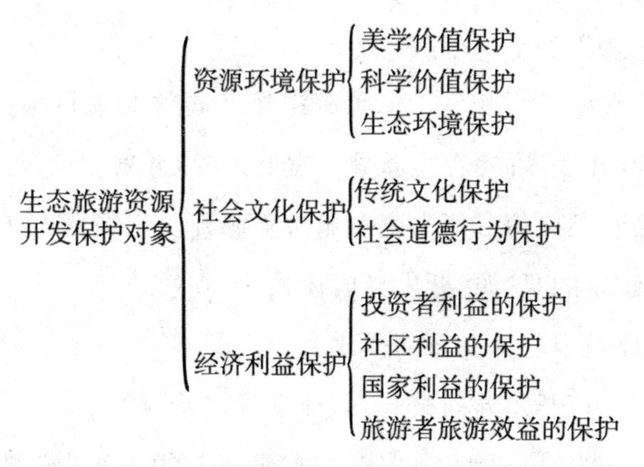

图 3－3　生态旅游资源开发保护对象体系

从图 3－3 可知，生态旅游资源开发保护对象应包括资源环境、社会文化及经济利益三大方面，每个方面的保护都对旅游业可持续发展有特殊的功能。资源环境及社会文化是旅游业可持续发展的资源基础，其中，资源环境是资源的物质载体，社会文化是资源的精神内涵，而经济利益则是保护的动力。

（2）保护动力

过去人们在谈环境保护时，往往只注意两点：一是人们的环保意识，即人们的环保意识强了，保护就成了自觉行为，而环保意识的增强是靠素质教育，靠宣传；二是法律保障，即通过法律限制人们的行为以达到保护的目的。从图 3－3 可知，上述两点对保护固然很重要，但还有一点应该引起我们的注意，即保护动力。一个人的自觉行为总是由其内在的动力驱动，保护行为也是如此。保护动力往往与保护者的切身利益密切相关，也就是说,保护者的切身利益是其自觉保护行为的动机。欲使所有受益于旅游的人都能自觉保护生态旅游资源,就应该让他们明白保护能够给予他们所需的利益。例如,让当地社区的居民明白,当地的生态旅游资源是他们发展旅游业进而获取经济效益的基础,保护了这一基础,就意味着保住了他们的经济收入,保住自己经济收入这一切身利益就成了社区居民的保护生态旅游资源的动力。

(三)新模式——“护源”开发导向模式和“三Z”开发投入模式

1.“护源”开发导向模式

传统的旅游资源开发以追求旅游经济高效益为目标,在开发时考虑的主导因素(开发导向)存在差异。据此差异,开发导向模式有两类三种。以可持续旅游发展为目标的生态旅游资源开发应将保护作为主导因素贯穿其中,摸索新的“护源”开发导向模式。

(1)传统“一源”开发导向模式

传统“一源”开发导向模式,即开发的主导因素是一个,根据主导因素的差异又可分为“资源型”和“客源型”两种。第一种“资源型”,即开发地具有丰富独特的旅游资源,如泰山、张家界、布达拉宫、西双版纳等世界级的旅游资源地,把资源作为当地发展旅游的优势,开发时,又以资源作为具有竞争力的主导因素来考虑。第二种“客源型”,又称“市场型”,指旅游资源相对贫乏但区位条件好的大城市和口岸城市,这些地区凭借其巨大的客流量和完善的基础设施,在发展旅游业方面具有很大的潜在优势。例如深圳,借助其特有的口岸区位优势,在旅游资源贫乏的条件下,以创造旅游资源兴建主题公园(如锦绣中华、欢乐谷)来发展旅游业。

(2)传统“二源”开发导向模式

以这一开发模式成功的地区往往是同时具备发展旅游业的资源优势和区位决定的客源优势,如北京、西安、广州等地都以其“两源”优势成为我国著名的旅游城市。这些地区既可以开发原有的旅游资源,又可适当建一些主题公园,使自身在“双翼”优势下成为令人瞩目的旅游热区。

(3)生态旅游“护源”开发导向模式

传统旅游开发均以“资源”“客源”或“资源—客源”为其开发导向，成功地发展当地的旅游业，但其成功的背后潜藏着一个危机，即进一步发展的后劲问题，也就是旅游业的可持续发展问题。究其原因，主要是一个保护问题，即作为旅游发展优势的主导因素出现破坏问题后将导致旅游业走下坡路。为此，保护旅游业发展的主导因素，无论是资源还是客源的“护源”开发导向就成了生态旅游开发的一种新模式。近年来，一些本来以其闻名于世的资源发展起来的旅游热区开始出现降温，如云南的西双版纳，以其特有的热带雨林和傣族风情吸引国内外旅游者，但由于开发利用旅游资源过程中不注意保护其“绿色”自然环境和“原汁原味”的民俗风情，旅游业出现了滑坡，因此保护旅游资源就成了旅游业可持续发展的关键。同时，我国火爆一时的“客源型”的主题公园出现了收入滑坡现象，仔细分析，原因在于没有保护好旅游发展的主导因素——客源，其具体表现为客源被抢，即旅游者流向新的具有竞争力的主题公园或景区。欲保住客源，首先，主题公园要成为精品，使自身对旅游者的吸引力长盛不衰，旅游者无法被抢；其次，要不断地“输血”，即更新内容，使旅游地“永葆青春”。

2.“三 Z”开发投入模式

旅游资源的开发到底需要投入些什么才能使旅游业既有近期的高效益，又有长远的可持续效益，我们可以从传统旅游开发的教训中寻找。

(1)传统的“一 Z”开发投入模式

传统的旅游资源开发把资金的投入作为主要因素来考虑，资金的“资”，其汉语拼音首字母为“Z”，故把资金开发投入称为“一 Z”。“一 Z”投入出现了两个认识误区：一是看不到旅游资源的价值，认为资源“无价”。由此，把旅游业看作低投入、高收入的产业，导致对资源的不尊重，即保护旅游资源环境虽已被挂在口上，但难以落实。不少风景名胜区出现了旅游资源及其环境的破坏和污染问题，影响了其可持续利用。二是对知识的价值认识不足，从而在旅游开发中旅游规划设计不“精”，导致不少旅游地因粗放型开发或不注意开发过程中的保护，造成开发的过程就是破坏的过程，或因开发中管理方案设计不周造成利用中的破坏。

(2)生态旅游的“三Z”开发投入模式

从传统“一Z”开发投入认识误区的分析中，我们清楚地认识到，欲使旅游业可持续发展，其开发的投入不应该只考虑单一的资金投入，资源及知识的投入也应一并考虑，形成生态旅游特有的资源—知识—资金“三Z”开发投入模式。这一模式可从三个方面来理解：第一，承认资源有价，让资源在旅游业经济效益中占一定“股份”，使人们在认识上珍惜和保护资源及环境，在实践上投入资金用于维持和保护资源及环境。第二，在知识经济时代，我们应该充分认识知识对于旅游开发的价值，知识是有价的，这个价值体现在旅游资源开发规划设计中的特色挖掘、主题创意和宣传促销上。在资源导向型的旅游地，旅游资源开发后的“增殖”效应正是旅游开发中知识有价的体现；在客源导向型的旅游地，富有创意的主题公园的巨大经济效益就是知识有价的体现。第三才是资金投入。总而言之，三大投入缺一不可，资源和知识投入是发展旅游业的前提因素，资金投入是保证因素。

(四)创新认识——循环开发过程

1.传统旅游资源开发过程中的认识误区

传统旅游资源开发利用不能有效地保证旅游资源及环境的保护，主要的原因之一是对开发过程的认识存在误区，具体表现在以下几个方面。

(1)开发与管理分离，保护难以落到实处

过去对旅游开发的认识仅限于狭义的旅游区的建成，至于建成后的旅游经营管理被视为开发以外的事，开发与管理是分离的。这种分离使开发中提出的保护问题难以在全面经营管理中落实，同时，管理中出现的保护问题也缺少反馈渠道。

(2)开发与管理的过程是直线型

传统旅游业中，旅游规划、建设及经营管理是分离的，从过程上看，三者客观地存在前后联系，若用一个模式来表达，则应是直线型的(图3—4)。

旅游规划 → 旅游建设 → 旅游经营管理

图3—4　传统旅游业开发过程模式

2.生态旅游循环开发过程

为解决旅游业中的保护资源及环境问题，第一，要把旅游开发过程广义化，即旅游开发包括旅游规划、建设、经营管理和监测全过程；第二，旅游开发过程中的四个环节间的关系模式应该是环状的(图3—5)。

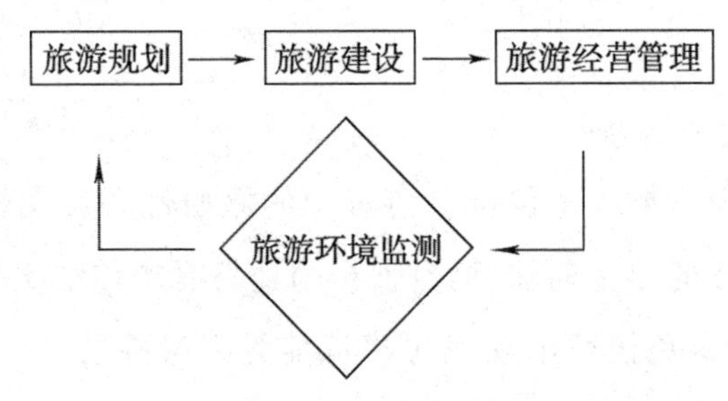

图3—5　生态旅游资源保护性开发过程

从图3—5可见，生态旅游开发由规划、建设、管理、监测四个环节组成，并位于同一系统中。与传统旅游开发相比，一是把开发、管理视为一个系统，二是多出了“监测”环节，而这一环节，正是沟通规划、建设与管理的“链”。旅游区建成运行一段时间后，根据监测反映出来的问题，再度优化设计规划使旅游区更为完善，同时也定时地为旅游区注入新的内涵，增强对游客的吸引力，使旅游区的生命周期延长，这本身就是对旅游资源及环境的保护。再者，通过监测反馈的信息，充分认识旅游规划、建设和管理中存在的旅游资源及环境的保护问题，再有的放矢地落实在进一步的优化规划设计和管理中。

(五)新原则——生态旅游资源保护性开发的原则

为实现生态旅游资源开发的旅游可持续发展目标，保护是基础。传统旅游资源开发往往以效益、特色、市场、保护等为原则。表面上看，似乎保护作为一种开发原则早已列入，但仔细分析和观察现在旅游业发展中出现的种种保护问题，不难看出，保护仍然存在重视不够和落不到实处的问题。为此，应在旅游开发的效益、特色、市场等原则的基础上，把“保护”作为生态旅游资源开发的首要原则，并遵循以下生态旅游资源保护性开发的具体原则。

1. 承载力控制原则

在旅游开发和利用过程中，应遵循生态规律，具体体现在遵循生态环境承载力这一基本规律上。生态旅游资源及环境对其旅游开发和利用都有一个承载力的范围，超出这一范围，生态旅游资源及环境就会受到破坏。为此，我们应该把旅游活动强度和旅游者数量控制在资源及环境的承载力范围内。

2. 原汁原味原则

在旅游开发时要尽量保持旅游资源的原始性和真实性，具体表现在不仅保护大自然的原生韵味，而且保护当地特有的传统文化，避免因开发造成文化污染，避免把城市现代化建筑移置到旅游景区。旅游接待设施应与当地自然及文化协调，保证当地自然与人的和谐的意境不受损害，提供原汁原味的“真品”和“精品”给旅游者。

3. 社区居民参与原则

社区居民参与到旅游服务中，可以增强地方特有的文化气氛，提高旅游资源的吸引力。更为重要的是，能让社区居民真正从旅游资源开发中受益，既能实现旅游扶贫的功能，又能使自觉保护具有强有力的动力。

4. 环境教育原则

生态旅游与传统大众旅游的主要差异之一是生态旅游具有对旅游者的环境教育功能。欲使旅游者在旅游过程中增强环保意识，在开发旅游资源时，可以在旅游区中设计一些能激发旅游者环保意识的设施和旅游项目。

5. 依法开发的原则

旅游资源的开发必须遵循相应的保护法规，如自然保护区的开发必须遵循《中华人民共和国野生动物保护法》《中华人民共和国森林法》《中华人民共和国自然保护区管理条例》等。

6. 资源和知识有价原则

旅游开发综合投入的新思路应该贯穿旅游资源开发的全过程。只有充分认识"资源有价"，开发者、管理者、旅游者才会自觉地去保护生态资源；只有让资源占旅游开发效益的一部分，这种保护才有经济支撑。"知识有价"能减少传统大众旅游的粗放型开发，避免开发中的破坏，同时还能避免因管理水平低所导致的破坏。

7. 清洁生产、节约资源原则

"清洁生产"一词最早源于工业生产，其原意是在生产的过程中精心设计，使一个生产流程的"废物"变成另一个生产流程的生产原料，以最大限度地减少向环境中排放废物，使整个生产过程成为一个无污染的"清洁生产"过程。将这一概念引入旅游开发，如在宾馆等接待设施的实际运作设计中尽量不向环境排废物，把旅游对环境质量的不利影响控制在环境承载力范围。节约资源，即开发中以"消耗最小"为准则，具体表现为一要节约自然资源，二要适度消费，提倡用太阳能、风能、潮汐能等可再生资源，倡导建筑时尽量采用砖瓦、石头、沙子等不会造成污染的建筑材料。

8. 资金回投原则

为了使资源与环境的保护落到实处，旅游所得的经济收入要回投到环境中，用于保护和修复因旅游造成的对环境的不利影响，保证其具有可持续利用的潜力。

9. 技术培训的原则

保护欲落到实处，旅游从业人员的保护意识、保护素质是保证。过去，人们在旅游从业人员技术培训中，仅注意旅游业的操作培训，保护方面的培训很少，甚至没有。而没有保护意识和保护知识的人是难以胜任保护性的生态旅游服务之责任的。

10. 保护旅游者的原则

在保护和旅游的关系上，人们往往会有一个误区——把旅游景区运行中的破坏与旅游者连在一起来思考。确实，在传统大众旅游中，景区的垃圾、景物上的刻痕是旅游者所致,但有一个问题被人们所忽视,即旅游者作为旅游消费者,他的合法权利也应该得到保护,“乘兴而来,败兴而归”的感叹正是旅游者的旅游消费权利受到不利影响甚至侵犯的反映。为此,在旅游开发的市场营销上,一定要坚持对旅游者负责任的态度,为旅游者提供真实的信息,以保证旅游者的合法旅游消费权利不受侵犯。另外,对于一些特殊旅游项目,如滑雪、探险等,应设置必要的救生员和医疗机构,以保护旅游者的健康和生命安全。

二、生态旅游资源保护性开发设计实施细则

在生态旅游资源保护性开发新思路的指导下,对于具体的生态旅游资源的开发设计,其实际开发时应如何操作?我们认为,从宏观到微观的开发过程,应考虑其开发步骤、旅游项目的设计、旅游设施的设计三个方面的实施细则。

(一)生态旅游资源保护性开发规划步骤

生态旅游资源的保护性开发,必须有周密的规划,以保证资源开发过程中“保护”这一主题能真正落到实处。生态旅游资源保护性开发规划分为下述11个步骤。

1.旅游市场分析

根据要开发的旅游资源类型及旅游者的需求分析调查,对旅游市场进行分析,并作为开发目标确定的依据。

2.确定开发目标和保护对象

对生态旅游资源地的开发,首先应确定开发目标,即开发什么的问题。在确定这一目标时还有一个限制因素,即保护。如卧龙自然保护区,确定以观赏大熊猫为目标进行旅游开发,但其开发项目的设计必须保证不影响大熊猫的正常生活和生存,类似狩猎之类的项目是不允许的。

3.自然生态环境的调查评价

对旅游开发区,确定开发目标后,应调查其自然生态环境的本底情况,包括其自然概况、珍稀濒危保护动植物的现状等,以确定需要特殊保

护的区域，如鱼的洄游线路等，为旅游开发保护奠定科学基础。同时，调查结果也能丰富生态旅游的科学内涵，为开展科考或科普旅游奠定基础。

4.确定旅游承载量

根据旅游开发目标、旅游资源环境的特征、旅游者对旅游资源利用类型的特点，确定生态旅游资源及环境的旅游承载量，进而确定旅游开发规模。

5.旅游设施的设计

为满足生态旅游者食、宿、游、娱、行、购及保护环境的需求，旅游开发地应设计三类设施：一是基础设施，如交通、通信和水电等；二是旅游接待设施，如食宿点、游览点、购物商场等；三是保护环境设施，如博物馆、垃圾收集和处理站等。

6.社区参与设计

在开发项目的过程中，考虑社区的利益，尽量设计让社区居民参与进入的方案，进而进行分层次的旅游接待管理人员的培训，使社区居民真正从旅游中获得利益。

7.形成规划方案

根据上述设计，形成总体的开发规划草案，再经过进一步的筛选、修改，形成最后方案。方案中不仅有空间上各类设施的布局，还有在时间纵向上的分阶段开发的具体安排。

8.环境影响评价

分析旅游开发规划将会给开发地环境带来的正负影响，为规划方案的优化提供生态学依据，这一点在传统旅游中是没有的。

9.执行规划

根据优化后的规划，进入建设实施阶段，包括硬件设施的建设和软件（人才队伍）的培训。

10.环境监测

在旅游区建成并运行期间，进行定位或半定位的环境监测，包括旅游区建成对自然生态环境、社会及经济环境产生的正负影响。

11.优化规划设计

监测反馈的信息能为旅游区的规划设计提供优化依据，同时也为保护提供科学依据，使旅游区日趋完善。

(二)生态旅游项目的开发设计

根据生态旅游资源地的特点，可将其开发为满足各种旅游需求的专项旅游项目。有的学者曾把生态旅游与探险旅游、科考旅游等项目平行看待，我们认为，生态旅游包括一切回归大自然的旅游专项活动。在此列出一些有代表性的生态旅游项目并给予说明。

1.风光旅游

风光旅游是一种以欣赏自然风光为主的观光旅游，和传统的观光旅游的差异表现在两点：一是观光对象是自然风光与“天人合一”的风光；二是观光对象不因旅游活动的开展而受损害。这种旅游项目往往设计在一些举世闻名的奇异自然风光地，以及人与自然和谐相处，尽显生态美之地。利用轻型飞机、电动游艇、马车等交通工具或步行，沿指定路线进行旅游活动，如喜马拉雅山用直升机载客直接到山上，使旅游者既观赏到世界顶级的自然风光，又不会因交通破坏生态环境。

2.度假旅游

在空气清新、风光独特、自然生态环境优良的地方，可辟建度假区。这种度假区在满足旅游者度假需求的基础上注重保护。一般设立有特色的娱乐项目，让旅游者在周末和节假日融入自然，休息疗养，消除身心的疲劳。为保护资源环境，这种度假区规模不宜太大。

3.科考旅游

在自然保护区和特殊自然景观地段，可以设计开发专业科学考察旅游，如热带雨林考察、火山地貌考察、喀斯特景观考察，但这种旅游项目需要较为成熟的前期科学研究基础和较为齐全的研究资料，主要旅游者是专业人员。

4.科普旅游

在自然保护区内，可设计满足人们探索大自然奥秘的好奇心，提高自然科学知识普及度的旅游项目。旅游者与大自然接触交流，通过参观考察现场，看展览、声像资源等活动获得自然知识，认识自然价值，从而增强保护自然环境的意识。

5.观鸟旅游

在大自然中，富有生机、观赏价值高又易于接触的野生动物首推鸟类。一些鸟类的周期性迁徙和集聚为观鸟活动提供了固定的时空。可设计远地和近地各类观鸟旅游项目。对于飞行高度高、距旅游者远的鸟类的观赏通常设计瞭望台，再配以高倍望远镜，以欣赏鸟类飞行、取食等生活习性；对于近距离的群鸟，可直接用肉眼观赏。

6.探险旅游

在一些自然环境较为险峻之地，可设计探险旅游项目，如悬崖陡壁上的攀崖、湍急河流上的漂流等，这些项目需要专门的设施、训练有素的导游和较高水平的安全保护手段。由于这些地区往往生态环境较为脆弱，这种项目接待的人数需严格控制。

7.乡村旅游

在一些人与自然和谐共处的乡村或农场，借助其优美的田园风光和恬静的乡村生活，可设计吸引城市居民前来旅游的项目，如捕鱼、牧羊等。

8.村寨旅游

在一些地方特色浓郁的村寨可设计村寨旅游。旅游者走入村寨，通过参加村寨的各种活动，获得一种原汁原味的旅游体验；村寨也从旅游者身上获取经济效益。村寨旅游的关键是组织和培训村民，并控制其发展的规模，避免出现社会环境问题。这种旅游项目是最能发挥旅游扶贫效益的。

9.野营和行车旅游

在一些旅游过渡地段，可在一定距离范围内设置野营租用地，以供野营者食宿之用。至于行车，可根据交通工具的差异设计自行车旅游、汽车旅游等。为保护环境，提倡骑自行车甚至步行。

10. 民族风情旅游

在一些民族风情浓郁的地方，可开发民族风情旅游项目。这种项目最主要的是导游服务和行程安排，让旅游者在短短的旅游时间里尽可能多地了解其他民族奇异的风情。这种旅游项目在欠发达地区的发展潜力是极大的。

（三）生态旅游设施的开发设计

1. 生态旅游基本设施的开发设计

生态旅游的基本设施是指保证旅游活动得以进行的基本条件，主要包括道路、房屋、水电和通信设施及废弃物的处理设施。

(1)道路

生态旅游区的道路设计首先考虑的是保护环境和旅游者的旅游效益，所以，一般主要设计为人行小道、栈道，即便设计了公路，也主要使用无污染的电瓶车。这种设施既能满足保护自然生态环境的要求，同时又能使旅游者真正融入大自然，与大自然交流。

为了使生态旅游区内的人为影响减至最小，在设计生态旅游游览线路时应遵循以下原则。

①道路和人行小径不应很突出和显眼，应尽可能使用原有斜坡、树木、小山等自然地形特征，要和地形、地貌相一致，要有利于水土保持。

②游路只应在某些景点靠近河流，但不宜长段沿河流修路，也不宜修在山脊上，应修在较低的山坡上，否则会严重影响景观。

③最好修筑连续的、路的一侧有停车设施的单环线，供一组建筑物共同使用，不要修建双线。

④设计停车场时一定要特别注意在施工时产生的影响。生长有植被的地表土层遭破坏后可能不可恢复，取而代之的是另一种植被，既不自然，又破坏了生物多样性。

⑤若要使用沥青路面，面积最好不要超过最低要求。

⑥避免铺设清一色的沥青路、碎石路或水泥路，特别是绿色或红色路面，太亮和不协调的颜色组成的方块图案或大于60厘米×60厘米的图

案都要避免。

⑦人行道可选用板石、人造石或水泥板等铺设，色彩要自然。

⑧可沿路悬挂标识牌，规范旅游者行为。

⑨将要修建的路的路面宽度降至最小，因为景区内的道路要有限制速度的作用。

⑩车行道要尽可能远离生态脆弱区。

(2)房屋

生态旅游是尽量少见房屋，更不允许城市化的宾馆饭店进入。必需的房屋可以建造，但建筑风格应与当地文化和环境相协调；建筑体量不宜太大，以掩隐树丛中为宜；建筑材料尽量就地取材，尽量少用和不用工业用漆。

(3)水电和通信设施

生态旅游区的水源供应一般就地取材；电能尽量用自然能，因地制宜地搞小型水电站；通信设施必不可少，但有一点必须注意，这些设施的管线要尽量埋于地下，掩于树丛中，避免视觉污染。

(4)废弃物的处理设施

这里指的废弃物主要指固态和液态废弃物，因气态废弃物可通过其他措施，如限制燃油汽车、食宿设施的进入来解决。固态废弃物的处理步骤是分类收集，在适当的位置安置有机物和无机物分开的垃圾桶，然后集中运到一个地方加以处理，杜绝就地堆放和深埋。液态废弃物主要指旅游者的大小便，主要通过修生态厕所来解决。

2. 环境教育特殊设施

为了使旅游者在生态旅游活动中增强环保意识，生态旅游区需要设计一些特殊的设施，如必不可少的游客中心、标牌系统，同时各地根据需要还可设计展览馆、陈列室、影视厅等。

(1)游客中心

游客中心应该是每个生态旅游景区必不可少的基本设施，一般设在入口处，主要是帮助旅游者了解景区内的基本情况，提供各种必需品和资料，为旅游者解决困难的一个咨询服务综合型设施。一些国家级公园的游客中心往往配有多媒体演示设施，让旅游者在进入景区之前就对整个景区的概貌、景点和线路有形象的了解。旅游者必需的导游图、导游手册、必要的装备及纪念品均可在此买到。

(2)展览馆

展览馆将景区内的图片、实物展示出来，图文并茂地让旅游者了解景区内的自然科学知识，人与自然的关系，从而激发旅游者的环境保护意识。有的地方展览馆并入游客中心。

(3)陈列馆

陈列馆把景区的重点项目、详细资料及生产产品陈列介绍给旅游者的设施。不少地方将其与展览馆合并。

(4)影视厅

向旅游者放映介绍景区内主要景点的录像带、影片等。为达到最佳效果，有的地方采用3D全息投影技术，立体效果极好，使旅游者有身临其境的感觉。

(5)标牌系统

在景区内适当的位置设计标牌，图文并茂地向旅游者传递景区信息或标有保护环境的宣传口号。

第四章　生态旅游规划

第一节　生态旅游规划的内涵

以工业化为依托的城镇化出现了环境污染严重、生态系统退化等诸多情况。旅游作为无烟产业和绿色产业，在生态文明下的城镇化建设过程中被寄予厚望。生态旅游规划可以降低能耗和物耗，保护和修复生态环境，实现绿色发展、循环发展、低碳发展，推进新型城镇化，最终促进“美丽中国”目标的实现。

一、生态旅游规划的含义

生态旅游规划是旅游规划发展的高级阶段，对生态旅游开发与建设具有重要意义。生态旅游规划是涉及生态旅游者的旅游活动与环境相互关系的规划，是在调查研究的基础上，根据旅游规划理论与生态学、环境学、生态伦理学等的观点，将旅游者的旅游活动和环境特性有机结合起来，通过对未来生态旅游发展状况的构想与安排，进行生态旅游活动在空间环境上的合理布局，寻求生态旅游业对环境保护和人类福利的最优贡献，保持生态旅游业持续、健康地发展与经营。

与一般旅游规划相比，生态旅游规划强调适宜的利润和回报，但更强调维护环境资源的价值；不去满足旅游者的所有要求，而是有选择地满足；不仅考虑当前旅游活动的规模、效益，而且还为未来的旅游发展指明方向，留出空间；它是涉及旅游者的旅游活动与环境相互关系的规划，因此将旅游活动、当地居民的生产活动与旅游环境融为了一体。

二、生态旅游规划的特点

了解生态旅游规划的特点，有助于我们更深刻地领会其本质，规划出符合生态旅游特点和要求的蓝图。生态旅游规划除了具备一般旅游规划的特点，如决策的科学性、内容的综合性、发展的预见性、成果的政策性和实践的可操作性等外，还具有以下三个显著特点。

（一）生态性

生态旅游目的地是多个生态系统的综合体，各生态因子是相互关联、相互依存和相互制约的，是遵循生态学的规律进行物质循环和能量转换的，其中一个因子发生变化，就会引起系统内的其他因子产生连锁反应。[①] 一般情况下，自然界生态系统具有较强的自动校正平衡能力和自我调节机制，一定程度上能够抵御和适应外界的变化。如果生态旅游者和开发者对生态旅游区生态系统的干扰超出其自我调节阈值的上限，旅游环境就会受到破坏。因此，在生态旅游规划中，应注重运用生态学规律，合理利用自然生态系统，保持其稳定性，从而使生态环境和生物多样性不被破坏。

（二）特色性

生态旅游目的地一般是生态环境相对原始、地方文化氛围浓郁的地区。旅游者在生态旅游活动中，期望在与自然环境和谐共处中获得具有启迪教育和激发情感意义的美好体验，特别愿意到一些野生的、受人类干扰较小的原生自然区参观游览。所以，生态旅游目的地的规划，一定要充分发挥其生态旅游潜力，把握自然生态系统的特征，挖掘其文化的内涵，开发出适销对路、特色鲜明的生态旅游产品，展现出地方资源的特色。因为“越是民族的，越是世界的”“越是地方的，越是全国的”“越是原始的，越是奇妙的”。只有扬长避短，在现有资源上动脑筋、费心思，化腐朽为神奇，才能在激烈的市场竞争中保持自己的特色，站稳脚跟。

---

① 冯凌，梁晶. 生态旅游与可持续发展[M]. 北京：旅游教育出版社，2018.

（三）整体性

生态旅游追求的是社会、经济、生态三个效益的最大化，保证生态旅游目的地社会、经济、环境协调发展。因此，生态旅游规划应从系统论的观点出发，认真分析生态旅游活动与环境承载力、生态旅游业和社会经济发展与环境保护的关系，有效协调生态旅游目的地生态系统与其他系统间的相互关系，全面考虑生态旅游规划所涉及的因素，实现整体优化利用。

三、生态旅游规划的内容

生态旅游规划的内容目前还没有统一的标准和规范，而且规划层次不同，其内容也不一样。对于区域性的生态旅游规划而言，主要是强调战略性与宏观性，以发挥政府在生态旅游发展中的重要作用。对于生态旅游区规划而言，由于其是开展生态旅游活动的旅游目的地的统称，规划内容主要包括背景情况介绍、产品系统规划、支持系统规划。其中，背景情况是生态旅游规划的前提和基础，产品系统规划是生态旅游规划的灵魂和核心，配套设施系统规划则是实现产品系统规划的有力保障，这三部分内容相互联系，缺一不可。

（一）背景情况的介绍

对生态旅游地的基本现状（包括自然地理概况、社会经济状况、生态环境质量等）、生态旅游资源的规模与质量、开发建设条件、规划的理论依据与指导思想逐一分析说明，以提供规划的基础理论与数据，为更好地理解规划思路奠定基础。其中主要是对资源、环境的研究。资源是基础的基础，因此首先要对它的类型、质量、数量、分布进行分析和评价。资源的特色和环境特点决定区域特征，其中，资源特色是主要因素。要同相邻地区资源环境条件进行分析比较，找出自己的特殊资源、优势资源。只有这样，产品才有竞争力。其次是区位优势分析，一方面分析旅游资源品位及其使用的功能和效益；另一方面就是旅游区的区域背景。比如，墨西哥政府选择坎昆作为旅游度假的最佳地点，正是考虑到坎昆地区的区位优势和资源优势：第一，坎昆具有优越的海滨环境，包括气候条件、海水及其功能特征、海滩和海岸带地形地貌特征和海岛岩礁等;第二,该区具有世界级的人文旅游资源玛雅文化遗址;第三,该区邻近加勒比海地区客源市场,可以有效地吸引和分流加勒比海地区的客流。

(二)生态旅游产品系统的规划

生态旅游产品系统是指生态旅游区内开发的,对生态旅游者具有吸引力的,满足各种旅游需求的吸引物体系,包括景区、景点、娱乐设施等有形实体的设置和社区形象、民族文化等无形吸引物的挖掘,以及这些吸引物通过空间组合形成的专项旅游活动。生态旅游产品系统规划应结合规划地的自然地理特征、社会经济特征,还要结合生态旅游者的旅游动机与出游规律,力求供需一致。所以生态旅游规划的中心任务,就是从市场和资源出发,设计出有特色、有新意、有竞争力的产品。产品的物质保障是项目,项目是产品的载体,只有产品与项目相结合,才能使区域有生产力。为了使旅游产品在市场上有竞争力,所上项目必须是特色项目、垄断性项目、精品项目和规模项目。

(三)配套设施系统的规划

生态旅游活动离不开配套设施的支持,配套支持系统是保证生态旅游活动顺利进行的基础,同时起着协调生态旅游与环境保护之间关系的作用。生态旅游配套支持系统主要包括保护工程规划(包括生物资源保护、景观资源保护、生态环境保护、安全工程)、基础设施规划(包括交通、能源、通信、金融、供水、排水、环保等)、服务设施规划(包括餐饮、住宿、娱乐、购物、医疗、标牌等)、组织管理规划(主要有管理体制、组织机构、机构设置、开发建设策略等)和投入产出分析(包括投资概算与效益分析)。

第二节　生态旅游规划的要点

一、生态旅游规划的要求

(一)要有保护环境的责任感

与传统的旅游活动相比,生态旅游的最大特点就是其保护性。由于规划工作的前瞻性与指导性，因此，必须把对生态环境的保护及对景观资源的可持续利用体现在生态旅游业的方方面面，对生态环境、景观资源进行优化规划，规范旅游者的行为。

（二）要多学科地参与和合作

生态旅游规划内容的综合性特点揭示了生态旅游规划必须是多学科综合研究的成果，涉及许多相关学科，如旅游学、生态学、环境学、地理学、林学、建筑学、美学、民族文化学、历史学等。只有不同学科取长补短，通力协作，不断交流信息、技术与方法，充分发挥不同专业在规划中的作用，才能取得满意的效果。

（三）要有长远的眼光

生态旅游规划的制定要有一定的灵活性和科学性，要有长远的眼光，克服短期行为，以便在将来事物发生变化时，可以对规划进行修改、纠正或重新编制。如果缺乏长远眼光，一旦要重新编制规划以及实施规划，付出的代价是很大的，因为可能要否定过去不合理的建设而重新建设，从而浪费大量的人力、物力和财力资源。

二、生态旅游规划的原则

旅游规划是对已经科学评价过的各类旅游资源做出全面系统的安排，其目的是更加合理有效地利用旅游资源，使潜在的旅游资源转化为供旅游业利用的现实旅游景观和产品。

开展生态旅游规划必须考虑的主要因素包括：旅游资源的状况、特性及空间分布；旅游者的类别、兴趣及需求；旅游地居民的经济、文化背景及其对旅游活动的容纳能力；旅游者的旅游活动以及当地居民的生产和生活活动与旅游环境相融合。

生态旅游的规划除适用一般自然旅游区的规划原则外，还特别强调以下原则。

（一）保护优先原则

在自然区实行严格的保护措施，以保护动物、植物和生态系统。

（二）容量限制原则

根据旅游地的面积、特点和可进入性，旅游地居民的经济、文化背景，以及旅游地对旅游活动的容纳能力，精心测算最佳游客容量，建立环境容量标准，以防过度开发旅游资源和游客对环境的过度使用。采取经济手段（必要时采用行政和法律手段）调节游客流量。

（三）市场导向原则

以客源市场为导向，以生态旅游资源为基础，寻找二者之间的最佳结合点，设计适销对路的生态旅游产品。

（四）特色性原则

生态旅游地要因地制宜，突出特色，防止雷同，尤其要防止低水平的重复开发。

（五）分区规划原则

对生态旅游目的地进行功能分区，对不同功能的保护区实行不同级别的保护。

（六）适度开发原则

在环境适合的地方，建立小规模的旅游设施。旅游设施的设计要以本地情况为基础，使用本地的建筑材料、节能设备，对废弃材料进行适当处理。

（七）环境管理原则

为游客和旅游团组织者准备并分发生态旅游行为准则手册，减小生态旅游对环境的不利影响。

（八）法律保障原则

为重要生态旅游区的开发与建设制定法律法规。

（九）整体优化原则

要求旅游规划在追求经济效益最大的同时注重社会效益和生态效益，保持三大效益的综合平衡，不能顾此失彼。生态效益是根本前提，社会效益是最终目的，经济效益是直接动力。经济效益与生态效益发生矛盾时，一时的经济效益要服从长远的生态效益。生态旅游规划应与当地的社会经济持续发展目标相一致。为旅游者设计的旅游活动，以及旅游开发后当地居民的生产和生活活动的变化应与生态环境相融合。

（十）可持续发展原则

为保护珍贵的生态旅游资源，对其进行开发规划时要贯彻可持续发展的原则和理念,保证同代人和代际之间的公平性,实现代内公平和代际公平,实现生态旅游资源的可持续利用。

三、生态旅游规划的类型

(一)从规划内容的性质来划分

从规划内容的性质来划分,主要有生态旅游发展战略规划与生态旅游规划设计。前者是从全局和宏观上指导生态旅游的发展问题,综合考虑整体利益,解决战略目标与战略行动问题,明确其在旅游业与整个国民经济中的地位,并要求制定相应的政策和法规,以保证旅游业健康、可持续地发展;后者是具体的生态旅游建设,注重可操作性,对生态旅游景区和景点的建筑风格、功能布局做出规划设计,追求人与自然的和谐统一,并有相应的基础设施建设规划,以支撑规划目标的顺利实现。

(二)从范围和层次来划分

从范围和层次来划分,可以有全国性、区域性、目的地、景点等不同层次的生态旅游规划。区域并非一个明确的概念,一般认为,区域是一个均质性的空间范围,它是根据某些特定指标划分的。地球表面的任何分段和部分,如果它在这种地区分类中是均质的,它就是一个区域。它是选择某些具有地区意义或地区问题的现象,并排除一切无关的现象所形成的。区域生态旅游规划常常是跨国界的,为了保护好自然生态系统,如国际河流所形成的流域生态系统,如果在开展生态旅游时不统一规划,就很难达到保护环境的目的,如果上游所在国的植被受到破坏,就会对下游国的水质产生不良影响。

区域生态旅游规划综合性、地域性很强,它是国家生态旅游规划的基础,同时由于国家生态旅游规划与区域生态旅游规划在性质、内容、方法上基本相同,只是范围与内容的详细程度有所区别,所以也可以把国家生态旅游规划与区域生态旅游规划并为一类,这样可将生态旅游规划划分为区域生态旅游规划、生态旅游区规划与景点规划三个层次。

生态旅游区规划是生态旅游规划的重要层次,比区域生态旅游规划更详细，是生态旅游规划的核心和重点。[①] 其以生态旅游资源为基础，强调景点、服务设施的规划建设对生态旅游资源的保护性开发和造福于当地社区居民。生态旅游景点规划的特点是规划与设计相结合，重点是实体规划、土地利用与设计，要用美学、生态学原理来规划管理自然与文化景观，要协调好自然环境、人文环境和人工建筑的关系，规划内容可以直接指导有关设施的建设和施工。

四、生态旅游规划的支持系统

支持系统是生态旅游规划顺利开展的基础。随着旅游学科和相关学科、科学技术和社会管理水平等支持系统的不断发展，生态旅游规划也将取得长足的进展。

生态旅游规划的支持系统如图 4－1 所示。

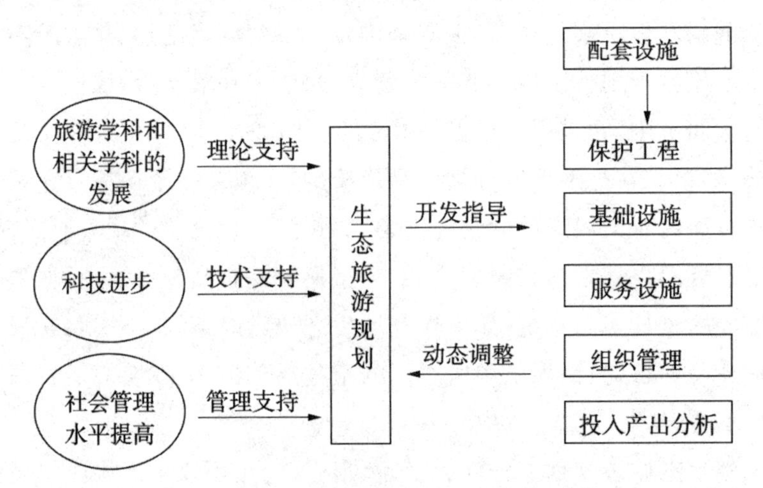

图 4－1　生态旅游规划的支持系统

第三节　生态旅游开发的总体规划

我国国家发展和改革委员会、国家旅游局在 2016 年发布了《全国生

① 韦倩虹，肖婷婷．生态旅游学[M]．北京：冶金工业出版社，2022.

态旅游发展规划(2016—2025年)》(以下简称《规划》)。《规划》结合全国各地生态旅游资源特色,将全国生态旅游发展划分为八个片区,对产业规划、环境保护、配套体系等方面进行了总体布局,在建设“绿色中国”“美丽中国”等全新理念指引下,构建了科学合理的生态旅游发展指标体系,对片区发展进行了综合评价,是促进生态旅游行业发展、政策制定的有力保障。

生态旅游开发的总体规划是在生态旅游供需分析的基础上,提出发展生态旅游产业的生态潜力与生态限制条件、空间适宜性分布,以及生态旅游产业发展的政策与措施。

一、规划目标

生态旅游规划的基本目标是保护生态旅游资源及环境。因此,生态旅游规划的首要目标,就是要有效地保护生态旅游地的生态系统多样性、物种多样性、景观多样性及生态旅游资源利用的永续性。

生态旅游规划的第二个目标是促进旅游地社区经济的发展。它是在不破坏生态环境的情况下,经过形象策划推出独特的生态旅游产品,并通过广告宣传尽量吸引高质量的生态旅游者,力争给生态旅游地带来较好的经济收益,促进旅游资源的良性循环。

规划的其他目标可以因地而异,但先期进行的生态旅游规划还应注意建立生态旅游发展的示范工程技术体系。

二、发展生态旅游的潜力分析

一个地方旅游资源的基本构成决定了旅游地的性质。在做生态旅游规划时,首先必须弄清当地旅游资源的基本构成,考察它适合开展哪些旅游活动,是否具备发展生态旅游的条件。自然生物多样性是衡量当地能否开展生态旅游的重要标准。生物多样性水平高的地方,其生态旅游的价值就大。

在规划、建设各种生态旅游点时,要充分体现生物(包括旅游者和居民)与环境的相融性,利用当地的生物资源,保护与发展生物多样性。生产型生态景观应充分利用农牧基地和各种庭院，建成果、药、木、花、草等有较高经济价值和观光欣赏价值的生态系统。观赏型生态景观应充分利用我国丰富的观赏植物、观赏动物资源。文化型园林景观在创建不同的文化环境生物群落时，要加强对各种文化环境生物群落（如风景名胜地、寺庙等的古树名木）的保护与复壮。

三、构建具有地方特色的生态旅游产业结构

生态旅游产业由两大部分组成：一是旅游项目建设与维护，二是为生态旅游提供服务的生态服务业。

生态旅游产业发展的基础是原生性生态系统所提供的特殊旅游资源，生态旅游具有对生态环境的高度敏感性和依赖性。生态旅游景点（区）是生态旅游最基础也是最核心的部分。科学规划并合理选择独特的生态旅游景点（区）十分重要，但制定开发建设生态旅游景点（区）的方案（原则、指导思想、方法、程序、步骤、保障措施等）也很重要。我国云南西双版纳、广西桂林、湖北神农架、湖南武陵源生态旅游区的成功，证明了在构建生态旅游产业结构过程中要科学地选择生态景观区域。

生态旅游项目一般分布在生态环境保存完好的地区。生态旅游项目应主要围绕农林生态系统、动植物园和以自然生态系统为基础的人工生态景观来发展。根据地方的资源基础，将丰富的植物、动物配置在一起，创建花卉园、竹园、经济作物品种园、果树品种园、乡土植物园、中草药园、抗逆植物园、热带鱼类园、鸟园等适合各种生物生活习性的环境；也可以自然生态系统的景观为背景，创建不同类型的人工景观生态园，如岩石园、热带风光园、沼泽园、水景园等，利用其特定的小气候、小地形、小生境，丰富旅游地的生物种类组成。

生态旅游也包括食、住、行、游、购、娱等活动，只不过这些活动贯彻了生态保护的思想。发展生态旅游业，必须提供配套的全方位的生态化服务。也就是说，生态旅游不仅包括旅游活动的生态化，也应包括旅游服务的生态化。

四、生态旅游产业的适宜性分布

生态旅游产业的适宜性分布是在分析旅游资源潜力和环境敏感性的空间特点的基础上，将各个产业部门在空间上进行合理的布局。

不同的旅游活动对环境的影响不同，不同的自然环境单元或生态系统对旅游活动的敏感性也不一样，有的对环境敏感，易受到旅游活动的影响，而有的表现出较强的抗性和恢复力。进行环境敏感性分析的目的在于根据生态旅游产业发展的要求，对旅游地内各环境单元和生态系统进行分析与评价，明确各种敏感区域，为生态旅游项目的合理布局奠定基础。环境敏感性分析的对象包括特殊用地敏感区、农田保护区、水土保持及水源涵养区、自然灾害敏感区。特殊用地敏感区是生态旅游点内的特别保护区，目的在于保护、恢复或重建特定类型的生态系统。特殊用地敏感区内不允许铺设道路和设施。农田保护区是为了保护农田与耕地所划定的区域，对于可耕田地，不可以用作其他用途。水土保持及水源涵养保护区主要受到地形、土壤等因素的影响，不同地理环境单元的水土流失敏感性差异极大的地区。水土保持是生态旅游不可或缺的重要内容。所以，应对水土流失较大的重要河流、水体的集水区加以保护，不允许开展水土流失敏感性大的旅游项目。自然灾害敏感区是自然灾害易发地带，一般不宜开展生态旅游项目。

生态旅游产业的适宜性分布是一种空间性配置计划，着重区位的表现，在明确了各种活动类型的潜力分布和敏感区位之后，找出各种活动项目的适宜区位。通过旅游活动用地的生态潜力与生态限制条件（敏感区位）分析，产生生态潜力与生态限制分类图。然后，利用等级合并规则将生态潜力与生态限制条件的单要素图件叠合，得到各种旅游活动项目的适宜性等级图。再将所有旅游项目的适宜性等级图叠合，做综合分析，最终确定生态旅游项目的适宜性分布图。

五、生态旅游规划的实施方案

（一）功能分区

生态旅游地大多数属于自然保护区域，为避免旅游活动对环境造成破坏,同时也为了对游客进行分流以及使旅游资源得以优化利用,应对生态旅游地进行功能分区。核心区一般要实行全封闭保护,仅供观测研究。分散游憩区是少量散客游览的对象,步行或允许独木舟一类的简单交通工具进入,游客的规模有严格的限制。密集游憩区是游客集中活动的区域,小汽车一类的车辆可以进入。服务社区是游客休憩的集中场所,各类交通工具可通达。

(二)生态旅游地及其产品形象策划

在环境容量允许的前提下,要尽量增加客源,吸引更多的生态旅游者。进行生态旅游地及生态旅游产品的形象策划对达到此目的具有重要作用。生态旅游地的特定地理背景是形象策划的基础,要根据这种特定地理环境,突出生态旅游产品的独特性。同时,要加强广告宣传,提高生态旅游地的知名度。当然,形象策划属于锦上添花,不能将其看作旅游吸引力之本源,最主要的还是生态旅游产品的设计。

(三)当地居民参与

生态旅游常与自然保护相联系,与当地居民的切身利益紧密联系在一起,只有在保障当地居民的利益不受损害的情况下,生态旅游才能可持续发展。因此,积极鼓励当地居民参与是必要的。同时,通过当地居民的积极主动参与,可以更好地发挥地方特长,提高生态旅游地的吸引力。开展旅游业可以增加就业机会是人尽皆知的,如增加导游、保安、环卫、餐饮服务及手工艺等方面的工作,这些新的就业机会应尽量先满足当地社区居民的需要,以改善地方居民的生活,这将直接缓解他们对旅游资源利用的压力。应当注意的是,地方居民在何种程度上参与到旅游业的各环节需要仔细分析和计划,因为他们需要训练,需要资金及市场的配合。

(四)生态旅游区的游客管理

对进入生态旅游区的游客要采取各种有效的方法和利用各种技术实施生态意识教育。在一定程度上,游客生态意识的增强,是旅游目的地实施生态旅游可持续发展的关键条件,为实施这一目的,可以在以下几个方面进行操作。

(1)在旅游区内设立具有环境教育功能的基础设施,如关于生态环境景观的解说系统、引起游客注意环境卫生的指示牌、方便且与环境协调的废物收集系统等。

(2)利用多种媒体，使旅游者接受多渠道的环境保护意识教育，如在门票、导游图、导游册上添加生态知识和注意事项等。

(3)增加旅游商品中的生态产品，包括天然食品、饮品。

(4)设置一定的处罚手段。

第四节　生态旅游规划的程序

一、生态旅游规划编制的前期阶段

(一)确定规划目标和保护对象

制订生态旅游规划，首先应确定规划目标，就是规划什么、为什么规划的问题，其次考虑保护的对象。为了实现旅游资源可持续利用，保证旅游区经济的持续性发展，旅游区的资源保护、环境保护与生态保护是至关重要的。若旅游资源和旅游地环境与生态遭到破坏，这些自然界中的天然景观将不复存在，靠人力是无法恢复或重建的，这也就失去了旅游区发展旅游业赖以依托的基础。没有吸引人的旅游景观，便失去了游客，与旅游有关的各类服务和产业也就不能生存下去。因此，环境与生态保护不是一时的权宜之计，而是旅游区规划建设始终要贯彻的一项重要方针和政策，要防止环境污染和破坏，把旅游区建设成为一个良性循环、自然与人类和谐发展的区域空间。

(二)生态旅游环境的调查评价

确定开发目标后，应对规划旅游区域的自然与人文旅游生态环境进行调查、分析与评价，包括其自然概况、珍稀濒危保护动植物生存环境等，以确定需要特殊保护的区域，为旅游开发保护奠定科学基础。此外，还要确定旅游地的开发主题，进行旅游形象定位。

(三)生态旅游资源的调查与评价

生态旅游资源的调查与评价的内容如下：

第一，调查规划区域内生态旅游资源的基本情况与开发条件，并进行科学评价，如对资源本身的特性特质进行评价，包括美学价值、科学价值、历史价值等，确定其是否值得开发、如何开发、为谁开发及开发方向如何，为生态旅游资源的合理开发利用和规划建设提供科学基础。

第二，旅游区的综合评价，根据规划目标和环境的特征、旅游资源类型的假定，确定生态旅游资源及旅游环境的承载力、景观地域组合、景观的分异度和丰度值、资源分布的形态结构和可进入性。

第三，旅游区区位条件与依托城市的关系。

第四，经济因素方面的评估，包括开发条件、施工条件、地区经济条件、区域经济背景等。

第五，旅游区社会和生态环境方面的评价。

第六，核定生态旅游开发的规模。

二、生态旅游规划编制的中期阶段

（一）生态旅游客源市场分析

客源市场由国内市场、海外入境市场和国内出境市场三个部分组成。在规划中主要侧重前两个市场，因为它们直接影响旅游业收入，影响当地经济发展。但是客源市场是不断发展变化的，所以客源市场分析主要是研究旅游需求、旅游客源市场的结构类型和特征，特别是有关旅游需求的行为层次结构。从旅游的供求关系可知，如果没有客源市场，旅游资源开发和旅游区规划就毫无意义，也不会有任何经济效益。所以说，旅游客源市场分析是旅游区开发的前提。

客源市场对旅游的需求对旅游区的开发导向有很大影响。旅游区的旅游资源要不要开发，如何开发，采取什么样的开发导向模式，往往在对客源市场进行调查、研究后才能做出决定。客源市场分析的指标如下：

（1）客源地的地理位置及特征。

（2）客源地的社会与经济发展情况。

（3）对旅游活动的态度和参与兴趣。

（4）年游客人数和经济支出。

(5)主要旅游动机。

(6)客流量随季节的变化。

(7)各类旅游区和旅游活动的逗留作用。

(8)游客的年龄、职业、文化层次和经济收入水平。

(9)游客与旅游目的地的各类关系,如文化交流、科学协作等。

(10)客源地国家或民族的风俗习惯和信仰等。

在以上客源市场诸因素中,旅游目的地和旅游客源地之间的距离是非常重要的影响因素。

(二)旅游区域经济基础评价

旅游开发需要区域经济基础作后盾,没有经济实力,没有足够的开发资金、投资条件、交通、通信、劳务、水电等,开发工作很难实现。[①] 如今,作为第三产业的旅游业是区域生产综合体的重要组成部分,它与区域经济发展的各产业有着密切关系,旅游区的开发必须带动与旅游服务相关产业的兴趣及劳务市场的调整。实践证明,经济发达地区有利于旅游资源的开发,另外,民族特色与地方特色突出的地区也有利于旅游资源的开发,如云南西双版纳地区具有典型的傣族风情,近年来其旅游开发速度相当快,并获得了可观的经济效益。

(三)旅游区形象策划

已经开发利用的风景名胜区,大多都具有自己特有的主体形象,如广西桂林——桂林山水甲天下,湖南张家界——奇特的“砂岩峰林”,山东泰山——五岳独尊等。新开发的旅游区,人们还不太了解其资源特色,作为规划设计者在一开始就应该根据该区资源的独特性,打出自己的“王牌”,树立主体形象,广泛地进行宣传和促销。

(四)生态旅游产品的策划

遵循自然与可持续发展的原则,根据资源条件、市场需求、环境容量,策划相应的生态旅游产品。具体包括旅游线路的设计组织、游乐活动规划(垂钓、野营、山果采摘、登山健行等)以及专项旅游规划(如森林保健旅

---

① 冯凌,梁晶.生态旅游与可持续发展[M].北京:旅游教育出版社,2018.

游、红色文化旅游、科普旅游等)。

(五)生态旅游配套设施规划布局

一个完整的旅游区必须有三个基本条件:第一,具有吸引游客的自然与人文旅游资源;第二,要有布局合理、完善和功能齐全的旅游生活服务设施;第三,要有能满足游客消遣与消费需求的旅游商品生产能力和生产水平。在规划时,应根据本地旅游资源的价值、特色、功能与旅游客源市场的需求等来确定其产品导向和企业规模,并兼顾与该区其他企业的关系,尽可能地形成互补和协调的关系,而不是相互竞争。

由于生态旅游地较偏远,因此,为满足生态旅游者食、住、行、游、购、娱与环境保护的需求,应规划一定数量的具有地方特色的旅游服务设施,具体包括三类设施:一是基础设施,如交通、通信和水电等;二是旅游接待设施,如游客中心、博物馆、食宿点、游览点、购物商场等;三是环境保护设施,如垃圾收集和处理站、生态厕所等。

(六)社区参与机制的拟定

在进行生态旅游规划时,除考虑管理机制、人才培养、资金筹措等支撑体系外,还要充分考虑社区的利益,拟定让社区居民参与生态旅游事业的方案,使社区居民真正从旅游中获得利益。[①] 生态旅游可持续发展犹如一个宏观系统,社区参与是不可或缺的环节,是民主思想和民主意识在旅游发展和规划中的体现。因此,应创建保证居民参与的咨询机制、居民参与利益分享的机制、培养居民旅游意识和培训居民旅游专业技能的机制等。

三、生态旅游规划编制的后期阶段

(一)形成规划方案

在满足既定的规划目标的前提下,依据规划内容,编制规划草案,再经过进一步的筛选、修改,形成最后的方案。方案中不仅要有空间上各类设施的布局,在时间纵向上还要有分阶段开发的具体安排,另外还要有生

---

① 邢斯闻,吴力,王霞.现代旅游景观开发与规划[M].长春:吉林大学出版社,2011.

态旅游开发的环境影响评价报告书,从而为规划方案的优化提供生态学依据。

(二)修正反馈

制定规划方案时,应用定性或定量的方法进行初步的评价,根据评价结果分析是否达到规划目标,及时修正规划方案。进入建设实施阶段后,还要进行环境监测,分析旅游开发规划将会给生态旅游区环境带来的影响。根据反馈的信息,及时修正旅游区的规划设计,使规划方案日趋完善,为生态旅游区的可持续发展奠定基础。

第五章　生态旅游环境

第一节　生态旅游环境概述

一、生态旅游环境的定义与内涵

生态旅游环境是生态旅游活动、生态旅游资源所依附的基础，是生态旅游发展的生命之源。没有高质量的生态旅游环境，也就没有生态旅游的发展。

生态旅游环境是以生态旅游为中心的环境，是指生态旅游活动得以生存、进行和发展的一切外部条件的总和。生态旅游环境的内涵包括以下几个方面。

(1)生态旅游环境是符合生态学和环境学基本原理、方法和手段的旅游环境，是维护和建立良好的景观生态、促进生态旅游发展的环境。

(2)生态旅游环境是以生态系统良性运行为目的，旅游环境与旅游开发相适应、相协调，使自然资源和自然环境能够繁衍生息，使人文环境能延续并得到保护的一种旅游环境。

(3)生态旅游环境是以某一旅游地的环境容量为限度建立的旅游环境，只要在该旅游容量的阈值范围内，就可使生态旅游不破坏当地的生态系统，而使旅游地的生态系统在被开发利用的同时得到休养生息，从而实现旅游开发、经济发展、资源保护利用、环境改良的协调发展。

(4)生态旅游环境不仅仅包含自然生态环境和人文生态环境，而且还特别重视“天人合一”的旅游环境；既注重生态环境本身，也注重一些环境要素及环境所包含的生态文化。

(5)生态旅游环境是运用生态美学等原理与方法建立起来的旅游环境。生态旅游环境是培养生态美的场所，也是人们欣赏、享受生态美的场所。

(6)生态旅游环境是满足旅游者心理感知的一种旅游环境。生态旅游环境的建立要考虑到生态旅游者回归大自然、享受大自然、了解大自然的旅游动机和行为取向，从而让旅游者感知自然。

二、生态旅游环境的构成

生态旅游环境由自然生态旅游环境、社会文化生态旅游环境、生态经济旅游环境和生态旅游气氛环境四个方面构成。

(一)自然生态旅游环境

自然生态旅游环境是指由自然界一些自然要素，诸如旅游地地质、地貌、气候、水体、动植物等组成的自然环境综合体，即狭义的旅游环境。它由天然生态旅游环境、生态旅游空间环境和自然资源环境组成。

1. 天然生态旅游环境

天然生态旅游环境是由自然力形成的、受人类活动干扰较少的生态旅游环境，主要包括自然保护区、森林公园、风景名胜区、植物园、动物园、国有林场及散布的一些古树名木等。根据天然生态旅游环境的不同主体，可以划分为森林生态旅游环境、草原生态旅游环境、荒漠生态旅游环境、内陆湿地水域生态旅游环境、海洋生态旅游环境、自然遗迹生态旅游环境。

2. 生态旅游空间环境

生态旅游空间环境主要指能开展生态旅游的景点、景区、旅游地、旅游区域的自然空间范围的大小。

3. 自然资源环境

自然资源环境主要指水资源、土地资源、自然能源等自然资源。自然资源环境对生态旅游业的生存和发展起到支持和限制作用。

(二)社会文化生态旅游环境

社会文化生态旅游环境是指政府或有关组织对生态旅游的支持程度,以及人们在人与自然和谐发展思想指导下的文化氛围。社会文化生态旅游环境包括生态旅游政治环境和“天人合一”的文化环境。

1.生态旅游政治环境

生态旅游政治环境是指政府或相关组织在区域旅游政策、旅游管理技能、政治局势等方面影响(支持或限制)生态旅游发展的软环境。区域旅游政策环境不仅影响生态旅游业产业结构的资源配置,而且对生态旅游业发展起着至关重要的作用。生态旅游管理技能水平往往关系到旅游地接纳生态旅游者的数量和生态旅游活动的强度,即影响到生态旅游容量的大小。生态旅游规划和管理技术水平高,接纳的生态旅游者数量就会增多,承受的生态旅游活动量就大,对生态环境系统的良性循环就能起到促进作用。此外,政治局势稳定与否、社会治安状况如何,影响到生态旅游者的安全感。在同样条件下,一国或一地的政治局势、社会治安状况往往影响生态旅游业的发展程度,甚至影响生态旅游业的兴衰。

2.“天人合一”的文化旅游环境

“天人合一”的文化旅游环境是指在人类与自然互利、共生关系的思想指导下进行旅游开发,特别是生态旅游开发过程中树立起人与自然和谐发展的观念。历史上一系列名胜古迹,特别是一些宗教名山就是我们祖先与自然共同创造的“天人合一”文化旅游环境的典范。他们在建寺、建观之时,采取一系列建筑技艺,不但不破坏自然,还使原有景观更加突出,创造出优于纯自然环境的“天人合一”环境。

(三)生态经济旅游环境

生态经济旅游环境主要指影响旅游业发展的经济部门、旅游行业内部在遵循生态经济学原则的情况下对生态旅游业的影响程度,分为外部生态经济旅游环境和内部生态经济旅游环境。

1.外部生态经济旅游环境

外部生态经济旅游环境是指满足生态旅游者在生态旅游活动时的一

切生态经济条件。众所周知，经济条件和经济环境是旅游活动的物质基础和决定旅游活动质量好坏的关键，包括基础设施条件、旅游设施条件、旅游投资能力的大小和接纳旅游投资能力的大小等。在进行基础设施、旅游设施等建设过程中，甚至在整个旅游地域经济发展中，是否遵循了生态学、生态经济学的基本原则，是否考虑了经济、资源、环境等的协调发展，往往是影响生态旅游业发展的关键。

2. 内部生态经济旅游环境

内部生态经济旅游环境主要指旅游行业（产业）内部的管理制度、秩序、人员等对生态旅游的认识和支持程度。生态旅游与以往的传统旅游一样，公平的市场环境、良好的市场秩序、规范的市场运行机制、有效的旅游市场主体等，有利于克服市场混乱、管理混乱等弊端，有利于建立良好的行业竞争环境，促进旅游产业各部门良性运行。不仅如此，生态旅游的发展要求各种旅游形式、各类旅游经济成分均遵循经济原则，以利于协调统一发展；同时，生态旅游还需要旅游行业内部对生态旅游有较深的认识、较多的理解、较多的支持，以使旅游业可持续发展。

（四）生态旅游气氛环境

生态旅游气氛环境是指由历史和现代旅游开发所形成的反映地方生态和民族生态、社区以及旅游者生态旅游意识等的环境。它对生态旅游开发和发展的影响往往很大。具体可分为区域生态旅游气氛环境、社区生态旅游气氛环境、旅游者生态旅游气氛环境。

1. 区域生态旅游气氛环境

区域生态旅游气氛环境主要指在洁净、优美、少污染的生态环境基础上，由历史和现代开发所形成的反映该区域历史生态、地方生态或民族生态气息的环境。区域生态旅游气氛环境是一地的旅游生命力和灵魂所在，开发时要特别加以注意。

2. 社区生态旅游气氛环境

社区生态旅游气氛环境是基于生态旅游社区居民对于生态旅游的观点、看法、行为等形成的一种软环境。生态旅游地社区居民是否支持发展生态旅游，往往是该地生态旅游发展成功与否的关键之一。

3.旅游者生态旅游气氛环境

旅游者生态旅游气氛环境是指旅游者生态旅游素质和生态旅游者在进行旅游活动时的行为反映出来的旅游气氛环境。生态旅游应该是一种素质高、行为文明的旅游，但各个旅游团体、旅游者的素养不同，要培育良好的生态旅游气氛环境，关键在于广泛宣传生态旅游的知识，增强旅游者的生态意识和环境保护意识，规范和引导生态旅游者的行为。

三、生态旅游环境的特点

生态旅游环境作为旅游环境的重要方面，与旅游环境既有共同的地方，又具有自己的特点。生态旅游环境的特点概括起来有以下几个方面。

（一）资源性

生态旅游环境的资源性至少可以从以下几个方面来认识。

1.生态旅游环境容量的有限性表明了资源的稀缺性

生态旅游环境能够承受旅游者直接或间接产生的固体废弃物（如生活垃圾）和宾馆、饭店等服务系统产生的废水、废气以及娱乐设施和旅游交通设施产生的噪声的能力是有限的，抵抗或恢复旅游者造成的对生态系统的破坏的能力也是有限的。

2.生态旅游环境能产生的价值表明了资源的有效性

生态旅游环境作为资源，具有对社会的有效性。人类开发利用资源无一不是为了满足某一方面的需求，从而使其具有社会经济价值。生态旅游环境对现代社会具有普遍效用。通过旅游开发，既可获得经济效益，又能获得让人缓解紧张情绪、消除疲劳等社会效益，促进社会、经济、资源、环境的协调发展。

3.生态旅游环境的系统性表明了资源的层次性和整体性

从生态旅游环境的空间层次来看，可将其简单地分为生态旅游外部环境和内部环境，也可以分为全球、大洲或大洋、国家和地区、省区或区域生态旅游环境等。从时间层次上看，有些生态旅游环境要素和子系统是历史发展形成的，有些是现在才形成的。例如：天然生态旅游环境是大自然经过几千万年、几百万年自然演化的结果；生态旅游气氛环境是上千年、几百年、几十年历史沉淀积累或历史与自然共同作用形成的，使区域旅游具有明显的地方特色、历史特色、民族特色；而生态旅游政治环境、社会环境和经济环境等则具当代性。生态旅游环境的层次性反映了生态旅游环境的结构和功能，反映出生态旅游环境一定的资源价值性。同时，生态旅游环境是作为系统存在的，是相互制约、相互联系的一个整体（各子系统也是一个相对独立的整体），整体功能能得到良好的发挥就能较充分地实现旅游价值，从而获得生态旅游环境的资源价值。

4. 生态旅游环境系统的可变性、可控性表明了资源的可塑性

生态旅游环境系统既包括自然生态旅游环境、社会生态旅游环境，也包括生态旅游经济环境、生态旅游气氛环境等，无论哪一种生态旅游环境，都会有人类参与其中。生态旅游环境受到人类活动的有利影响时，在某种意义上可改善其结构和利用功能，提高生态旅游环境的利用价值或利用效益；受到人类活动的不利影响时，可使生态旅游环境系统的结构和功能受到损害，降低生态旅游环境系统的功效，甚至成为生态旅游业发展的障碍或致命因素。生态旅游环境的这种优变与劣变的可能性，说明生态旅游环境具有一定的可塑性，即人类可按一定目标对生态旅游环境进行改造，对其进行定向培养，从而提高其质量水平。只要人们充分掌握生态旅游环境的变化规律，就可实现对生态旅游环境系统演化的控制，为生态旅游业的发展服务。

5. 生态旅游环境具有利用的多元性

生态旅游环境具有多功能、多用途和多效益的特征，这是资源尤其是自然资源具有的明显特征之一。例如森林生态旅游环境具有土地利用效益、提供原料效益、货币收益效益、环境保护与调节气候效益、风景美化效益等。生态旅游环境的多元性带来了生态旅游环境的复杂性。显而易见，并非所有的效益都具有同等意义，因此，在对其进行开发利用时，要权衡利弊，特别是面对多种社会需求时，其效益的选择就显得格外重要。

总之，生态旅游环境具有资源性的特点，突出的有两点：一是提供了能直接利用的生态旅游资源；二是提供了生态旅游发展需要的基础。

（二）综合性

生态旅游环境是由若干子系统组成的综合性环境系统，既有自然的子系统，又有社会、经济、文化和气氛等子系统。各种子系统共同组成生态旅游环境系统，使其具有四维空间结构（空间结构、组分结构、时间结构以及功能结构）的特性。生态旅游环境的四维结构特性反映了其综合性。生态旅游环境的多益性、有效性也在某种程度上反映了生态旅游环境的综合性。

（三）容量有限性

生态旅游环境容量是生态旅游环境对于生态旅游活动的强度、规模等的限定。在一定时期内，一个生态旅游地开展生态旅游活动后，不对生态旅游地的环境、社会、文化、经济及旅游者感受质量等方面带来无法接受的不利影响的生态旅游者规模和生态旅游活动强度的最高限度，称为生态旅游环境的极限容量，也叫作饱和容量。如果达到或超过了这个极限值，则视为饱和或超载，长此以往就会导致生态与环境系统的破坏。在实际规划和管理中，往往要谋求一个最适值和合理值，称作最佳容量，在此容量下，既能保证生态旅游环境系统的功能发挥最好，获得满意的经济效益、社会效益等，又不至于造成生态旅游环境的破坏，使生态旅游环境能良性循环，保证生态旅游地实现旅游、资源、环境、社会、经济等之间的协调，促进生态旅游地可持续发展。显然，一个生态旅游环境系统的容量应该是有限的，也就是说，应该有一个阈值范围，超过这一阈值范围，就会导致投入产出比低，甚至会产生是否值得进行旅游开发的问题。这一阈值范围之所以存在，是因为一个生态旅游区域在一定时间内在结构、功能、信息等多方面具有相对稳定性。正因为有这一稳定性存在，使得生态旅游环境容量可以通过一定的手段或方法来加以确定（往往以接待多少旅游者为指标参数）。

一个生态旅游地的生态旅游环境容量在一定时期内存在一个较确定

的阈值范围，但这并非一成不变，而是随着生态旅游环境系统中某一个或某几个要素的变化而发生变化。例如，一个生态旅游地开辟了新的生态旅游景区，增加了新的生态旅游项目等，其旅游环境容量也就会随之变大。由于应用了高新科技，管理水平提高了，该地的生态旅游环境容量也会增大。反之，如果生态旅游环境因种种原因而发生了恶化，如污染、战争、自然灾害等，则其生态旅游环境容量就会减小。这就说明生态旅游环境容量是有限的，但又随着一些条件的变化而发生变化。

生态旅游环境是由多因素组成的复杂大系统，这一系统的运行规律随着人们对它愈来愈多的研究而逐渐被揭示出来。只要能正确认识和遵循生态旅游环境系统的运行规律，生态旅游环境的容量就是可以调控的，如改变生态旅游产品类型与数量，调整优化某一个或几个环境要素等，从而使生态旅游环境容量在质和量等方面朝着人们期望的方向变化。但这种调控要受到生态旅游环境系统本身的结构、功能以及由此形成的稳定性等的限制，因此，这种调控也就有一定的限度。也就是说，生态旅游环境容量尽管可做某些调控，但其容量的增加不可能无限，仍受容量有限性的限制。

第二节　生态旅游环境容量

一、生态旅游环境容量的概念与构成

旅游环境容量又称为旅游环境承载力。“承载力”的概念最早出现于生态学的研究，即“某一特定环境条件下（主要指生存空间、营养物质、阳光等生态因子的组合），某种个体存在数量的最高极限”。后来这一术语被应用于环境科学中，便形成了“环境承载力”的概念。旅游环境承载力则是指某一旅游地环境（指旅游环境系统）的现存状态和结构组合在不对当代人（包括旅游者和当地居民）及未来人造成负面影响（如环境美学价值减损、生态系统被破坏、环境污染、舒适度减弱等）的前提下，在一定时

期内旅游地(或景点、景区)所能承受的旅游者人数。

旅游环境容量研究的着眼点不同,就有不同的旅游环境容量概念。着眼于旅游者的旅游活动质量,满足旅游者的旅游需求,就形成了旅游心理容量(或称旅游感知容量)的概念;着眼于对旅游资源的保护,不破坏旅游资源,则是旅游资源容量的概念;着眼于环境保护,避免环境污染的旅游容量研究,则是旅游环境容量的概念;着眼于旅游设施的接待能力,满足旅游者旅游生活、旅游活动等各种需求的能力,则是旅游经济容量的概念;着眼于旅游目的地居民对旅游者生活方式的接纳能力,对旅游者旅游活动的态度,则是旅游社会容量的概念。

生态旅游环境容量是由一系列容量组成的体系,与旅游环境容量概念体系有一些相同之处,也有不同之处。生态旅游环境容量至少包括以下几个方面。

(一)自然生态旅游环境容量

自然生态旅游环境容量包括天然生态旅游环境容量、生态旅游空间环境容量和自然资源环境容量。

1.天然生态旅游环境容量

天然生态旅游环境容量是在基本上不干扰旅游地域动植物、地质、地貌、水文、土壤、气象、气候等自然要素情况下能接纳的旅游人数或旅游活动强度。

2.生态旅游空间环境容量

生态旅游空间环境容量是指能开展生态旅游的景点、景区、旅游地的空间范围内所能接纳的旅游者人数或旅游活动强度。

3.自然资源环境容量

自然资源环境容量是指生态旅游的水资源、土地资源、大气资源所能承受的生态旅游者人数或旅游活动强度。

(二)社会文化旅游环境容量

社会文化旅游环境容量包括生态旅游政策环境容量和“天人合一”文化旅游环境容量。

1. 生态旅游政策环境容量

生态旅游政策环境容量是指生态旅游地域的有关生态旅游政策与规划、管理技能水平、社会局势等所能承受的旅游者人数或旅游活动强度。

2.“天人合一”文化旅游环境容量

“天人合一”文化旅游环境容量是指在历史上形成的自然与人类和谐相处的自然文化区域内开展生态旅游时所能承受的生态旅游者人数或旅游活动强度。

（三）生态经济旅游环境容量

生态经济旅游环境容量包括外部生态经济旅游环境容量和内部生态经济旅游环境容量。

1. 外部生态经济旅游环境容量

外部生态经济旅游环境容量是指生态旅游地内其他经济产业所能承受的生态旅游者人数或旅游活动强度。

2. 内部生态经济旅游环境容量

内部生态经济旅游环境容量是指旅游业内部的有关政策、制度、秩序和人员所能承受的生态旅游者人数或旅游活动强度。

（四）生态旅游气氛环境容量

生态旅游气氛环境容量包括区域生态旅游气氛环境容量、社区生态旅游环境容量和旅游者生态旅游环境容量。

1. 区域生态旅游气氛环境容量

区域生态旅游气氛环境容量是指区域内部的自然—文化气氛所能承受的生态旅游者人数或旅游活动强度。

2. 社区生态旅游环境容量

社区生态旅游环境容量是指生态旅游社区内居民所能承受的生态旅游者人数或旅游活动强度。

3. 旅游者生态旅游环境容量

旅游者生态旅游环境容量是指生态旅游者在开展生态旅游活动时所能承受的生态旅游者人数或旅游活动强度。

生态旅游环境容量是一个复杂的概念体系,影响因素很多。不同的游客行为和管理水平对生态旅游环境容量的影响有很大差别。同时,生态旅游环境容量是一个可变的量,同一旅游地若旅游活动的形式改变了,生态旅游环境容量随即改变。同一旅游地对于不同的游客来说,其旅游容量也不相同。例如,人口稀少国家的游客旅游基本空间标准高于人口稠密国家的游客。

二、生态旅游环境容量的影响因素

由于生态旅游环境是由若干因素组成的复杂的生态环境系统,因此,影响生态旅游环境容量的因素很多,主要应考虑的影响因素包括以下几个方面。

(一)产品类型

生态旅游开发地地域类型、规模等不同,其生态旅游环境容量也就不同。一般而言,以自然保护为目的的自然保护区、森林公园要比同样面积的一般娱乐公园、主题公园旅游环境容量小。

(二)地理区位

即使开发类型、地域类型相一致,不同的旅游目的地的生态旅游环境容量也有差别。

(三)时间节律

时间节律因素有两方面的含义:一是随着时间的推移,一些生态旅游地的生态旅游景观会有所变化。例如,雪景、红叶等自然气候景观和植物的季相、色相等景观,对旅游者的吸引力便不一样。又如,动物的迁徙、繁殖也有时间节律。人文生态方面也是如此,如民族节庆等。二是旅游流的时间变化。旅游目的地往往只是在旅游高峰期或某一类生态旅游景观最精彩时达到饱和或超载状态,其他时期一般都在生态旅游环境容量之内。因此,生态旅游环境容量的确定与一般旅游环境容量一样,既要考虑高峰期旅游者人数或活动强度,也要考虑淡季、平季的设备和设施的使用问题。

(四)管理技术

生态旅游环境容量的作用与一般旅游环境容量类似,能提醒人们注意旅游地能承受的旅游者数量或旅游活动强度,以引起人们重视,加强管理。大量旅游环境容量的研究往往给人一种错觉,似乎每一地域都有固定容量,管理者只需按此限额控制和管理旅游者即可。如果经过科学的规划与管理,生态旅游环境容量就会有所改观。

(五)社会文化环境

旅游者对当地居民的社会文化冲击是随着旅游者数量的增加而增加的。为保证生态旅游地的文化完整性,有必要考虑其文化生态旅游环境容量。一般来说,旅游开发时间长的区域,居民已习惯了旅游者的到来而使旅游环境容量增大;旅游产业化程度高的地域,旅游环境容量也相对较大;文化差异(包括宗教信仰、生活习俗、生活观念等)越大的地域,居民所能承受的旅游环境容量就越小。

(六)经济环境

经济环境由食物供给、水电供应等经济因素所组成,既有经济因素所能给予的容量,又有整个经济环境的容量,往往其中某一因素限制性最大,从而确定了经济环境的容量。

(七)旅游用地

一个区域内旅游用地面积越大,旅游活动的规模越大,居民用地就越小。居民用地面积缩小到一定极限,就会导致当地居民(包括旅游从业人员与非从业人员)的心理抗拒,旅游环境容量就会减小。如将旅游者与当地居民相比较,旅游者可以接受更高的人群密度。

影响生态旅游环境容量的因素很多,除上述几种常见因素以外,还要考虑旅游地域的动植物、地质地貌、大气和噪声等因素,即要重视生物环境、地质地貌环境、水文和土壤环境、大气环境等。换言之,要格外注重地域的自然性。

三、生态旅游环境容量的特征

生态旅游环境容量是表征生态旅游环境自我调节功能量度和判断生

态旅游可持续发展依据的重要概念体系，是进行生态旅游规划与管理的重要依据，是衡量生态旅游环境与生态旅游活动之间是否和谐统一的重要指标。[①] 作为开展生态旅游规划与管理的重要参数，生态旅游环境容量有以下几个重要特征。

(一)综合性

生态旅游环境容量是一个概念体系，在这个概念体系中包括自然生态、社会文化生态、生态经济、生态旅游气氛四个系列若干个环境容量指标。

(二)反馈性

生态旅游活动行为与生态旅游环境之间存在着正、负反馈作用。良好的生态旅游环境在一定程度上呈现出资源性，往往能吸引生态旅游者；而一旦旅游活动过度或因其他活动导致生态旅游环境质量恶化，就会降低生态旅游者的兴趣，导致该区域生态旅游环境容量降低。旅游者和当地居民保护生态旅游环境，与自然维持和谐的关系，可能使生态旅游环境质量容量适当扩大。

(三)可变性

生态旅游活动行为与生态环境间存在着反馈作用，这表明生态旅游环境容量具有可变性。另外，生态旅游环境系统中某一或某几个要素或者整个系统发生了变化也会使其容量发生变化，如水体受到污染，森林遭受病虫害或火灾，则其旅游环境容量会减小；相反，如果原来遭受破坏的植被得到了恢复，引进了新的生物品种，增加了新的生态旅游产品等，则可能会使其容量略有增大。

(四)可控制性

上述生态旅游环境容量的可变性、反馈性告诉我们，生态旅游环境容量按照一定的规律变化，人们认识并利用其规律，就可以对生态旅游环境容量进行调控。

---

① 杨桂华，钟林生，明庆忠. 生态旅游[M]. 北京：高等教育出版社，2010.

（五）有限性

生态旅游环境容量概念本身就是一种限度值，往往有极大值的存在，达到这一数值即为饱和，超过这一数值即为超载。为了达到生态旅游和环境系统良性循环的目的，往往在实际使用中掌握其最佳容量（或者叫最适容量），以使生态旅游环境既达到最佳利用，又不损害生态旅游资源和环境。

（六）可度量性

生态旅游环境容量有其极限容量和最佳容量等，表现为生态旅游环境容量有一定的变化范围，这一范围可以通过一定的手段方式来进行把握和计算。现在所使用的方法多是通过实地观测和调查研究来得出生态旅游环境容量的经验值。

生态旅游环境容量的研究与应用对旅游业可持续发展有十分重要的价值，是旅游业可持续发展规划管理的重要工具，对其影响因素、概念体系和特征有一定的认识，有助于生态旅游环境容量的确定和量测，进而对生态旅游环境容量进行调控，促进旅游地资源、社会、经济、环境的和谐发展。

四、生态旅游环境容量的量测方法

生态旅游环境容量具有可测性，主要原因是生态旅游环境系统具有一定的稳定性，生态旅游环境容量变化于一定的阈值范围内。但生态旅游环境容量的确定与量测并不是一件容易的事情，存在着一定的难度。

生态旅游环境容量的确定与量测涉及生态旅游中诸多要素与关系，涉及生态旅游环境的各子环境系统及其组成要素，具有高度广泛性、综合性和复杂性。生态旅游环境容量的确定和量测主要有以下几种方法。

（一）经验量测法

生态旅游环境容量的经验量测是通过大量的实地调查和研究得出其经验值或经验公式的方法。这种量测方法适用于自然资源环境容量、生态旅游空间环境容量、生态旅游气氛环境容量、旅游者生态旅游环境容量等。常用的经验量测法有以下几种。

1. 自我体验法

调查者作为一名生态旅游者，在进行生态旅游过程中体验所需要的最小空间，体验在不同旅游者密度情况下的感受，感知旅游者数量、活动强度对生态旅游环境的影响。

2. 调查统计法

在不同的生态旅游地、社区、路段等，分别对不同的生态旅游者进行调查，了解生态旅游者对生态旅游环境容量各方面的认知、感受与需求，并进行统计处理。

3. 航拍问卷法

通过航拍来了解生态旅游者的人数和分布状况，同时采取问卷形式调查生态旅游者的看法，比较分析后得出生态旅游环境容量的经验值或相关结论。

(二)理论推测法

理论推测法往往是在调查研究或经验量测法的基础上，对生态旅游环境容量进行推算，以求得更合适的生态旅游环境容量。理论推测法主要有单项推测法和综合推测法。

1. 单项推测法

单项推测法是对生态旅游环境容量体系中某一方面的容量进行推测的方法。

(1)天然生态旅游环境容量的量测

天然生态旅游环境容量的确定与量测立足于维持当地原有的自然生态质量，包括两个基本方面：一是天然生态环境对于因生态旅游造成的对生态的直接消极影响(如游客对植物的踩踏等)能承受得住，即天然生态环境凭借再生能力能很快消除这些消极影响；二是天然生态环境对生态旅游者所产生的污染物能完全吸收和净化，如生态旅游对水的污染可在较短的时间内为当地天然生态系统所净化。基本要求是旅游地的生态系统维持在一个稳定的、良性循环的状态。

(2)生态旅游空间环境容量的量测

生态旅游空间环境容量为旅游线路、旅游景点和旅游景区容量之和，再加上非活动区接纳旅游者人数。

(3)自然资源环境容量的量测

一般按一些主要自然资源数量的限制程度来计算，在很多生态旅游地往往以水资源供应量为限制因素。

(4)社会生态旅游环境容量的量测

当地居民对生态旅游者感知的关系为：若居民点与旅游地(社区)合二为一，则当地居民不产生反感的旅游者密度较大；若居民点与旅游区域、社区基本分离但作为其依托点，则当地居民不产生反感的旅游者密度较小。

(5)旅游者生态旅游环境容量的量测

这是生态旅游者的心理感知容量，该容量比旅游资源容量和一般的旅游环境容量小。根据环境心理学原理，个人在从事活动时，对自己周围的空间有一定的要求，任何外人的进入，都会使人感受到侵犯、压抑、拥挤等，导致情绪焦虑不安，这种空间称为个人空间。个人空间的大小受三方面因素影响：活动性质和活动场所的特性，年龄、性别、种族、社会经济地位与文化背景等个人要素，以及人与人之间的熟悉和喜欢程度、团体的组成与地位等人际因素。个人空间值是规划和管理中所称的基本空间标准。旅游心理容量是指旅游者在某一地域从事旅游活动时，在不降低活动质量的条件下，地域所能容纳的旅游活动量的最大值。旅游者生态旅游环境容量是生态旅游地在生态旅游者满足程度最大时的旅游活动承受量，在一定程度上等于生态旅游资源的合理容量。

2. 综合推测法

该方法是对生态旅游环境容量的各个方面做出综合推测。综合推测往往遵循最低因子限制律，即生态旅游环境容量的大小往往由生态旅游环境容量中容量最小的那一个分容量(或因素)决定。

需要说明的是，对目前状况下生态旅游环境容量的确定与量测，有些可以用经验值进行推测量测，如前述的某些单项容量的推测；但有些难以做到定量量测，如生态旅游政治环境容量、“天人合一”文化环境容量等（随着研究的深入可能会逐渐找到定量量测方法）。因此，对生态旅游环境容量的研究要注重定性方法与定量方法相结合，以促进生态旅游环境容量研究的深入。

生态旅游环境容量的确定与量测是生态旅游可持续发展的重要科学依据之一，也是旅游科学研究中的热门话题，但其概念体系、内涵及量测等仍有待于进一步深化研究，以加强人们对其认识的统一，使其理论上有所突破，实际应用上具有可操作性。

五、生态旅游环境容量的调控

生态旅游环境容量的调控是生态旅游地实现旅游业可持续发展的重要手段之一。在旅游开发与管理中，对生态旅游环境容量的调控主要有以下几个方面。

（一）生态旅游环境容量饱和或超载的调控

1. 生态旅游环境容量饱和或超载的类型

（1）短期性饱和或超载

短期性饱和或超载是旅游地（包括生态旅游地）和旅游活动场所常见的容量饱和或超载现象，包括周期性饱和或超载、偶发性饱和或超载两类。周期性饱和或超载根源于旅游的季节性，与自然节律性有关，如“霜叶红于二月花”的红叶季节、候鸟迁徙至该地的季节等；偶发性饱和或超载源于生态旅游地或其附近发生了偶然性事件，从而在短时间内吸引了大量的旅游者，如某一珍稀动物的发现等。

（2）长期连续性饱和或超载

长期连续性饱和或超载多发生在城市郊区的国家公园或郊野公园等，而且主要发生在一些知名度较高、生态环境优良的场所。

（3）空间上的整体性饱和或超载

生态旅游地的整体性饱和或超载是指该地域所有景区及其设施所承

受的旅游活动量均达到或已超过了各自的生态旅游环境容量值。这种情况往往较少出现。

(4)空间上的局部性饱和或超载

生态旅游地的局部性饱和或超载是指部分景区承受的旅游活动量超过了景区的生态旅游环境容量,而另外的景区并未饱和。

2.生态旅游环境容量饱和或超载的影响

(1)饱和或超载对生物的影响

生态旅游环境容量饱和或超载对生态旅游地的生物影响颇大,如仅仅因游客踩踏过多,就会导致土壤压实,同时也会影响植物的生长发育,损害动物赖以生存的环境,造成生态系统失调等。

(2)造成生态旅游地水体污染

水体的净化能力是有限的。假如生态旅游环境容量饱和或超载,绝大多数情况下会导致对水体的污染,有时也可能是导致水污染的间接原因。水体污染会造成难以预料的后果。

(3)产生噪声导致旅游质量、生态环境质量下降

生态旅游环境容量饱和或超载,会使生态旅游者感觉到拥挤不堪,不能获得应有的“回归自然”的体验,造成旅游质量下降。一些动物也因受到惊吓而进行不得已的迁徙,有时会造成不良的生态后果。

3.生态旅游环境容量饱和或超载的调控

(1)协调好旅游供求关系,适当引流

针对整体性和长期连续性饱和或超载,适当地采取分流性措施。一是通过大众传播媒介,向潜在生态旅游者陈述已发生的饱和或超载现象和由此给旅游者带来的诸多不便,以及由于饱和或超载所造成的生态环境后果等,使旅游者改变旅游目的地。二是允许生态旅游经营者和管理者浮动价格,在旅游旺季提高门票、食宿、交通等价格,使部分旅游者因经济原因而改变旅游目的地。三是替代性开辟新的生态旅游地,选择一个总体旅游效果近似而在时间、价格上更节省的生态旅游地代替生态旅游环境容量饱和或超载的旅游地。四是加大具有较高吸引力、区位适中、价

格较低廉的邻近生态旅游地的宣传促销力度，吸引大量旅游者，从而减轻饱和或超载的旅游地的压力。总之，对于整体或连续性饱和或超载的生态旅游地，主要是靠扩大旅游供给能力和延长旅游季节（如抑制旺季、促销平季和淡季）来调控。

对局部性饱和或超载的生态旅游地，主要靠分流措施来调控。一是在饱和或超载的生态旅游景点入口处设置计流设施，一旦景区达到饱和，则停止游客进入。二是在景区入口处根据景区的旅游流量与景区容量的差值情况（尚未或趋近饱和），收取景区附加使用费。一般而言，收费越高，进入的人数越少，一旦饱和，禁止入内。三是对旅游者进行空间上和时间上的划区引导，如利用道路、天然小径、池塘、停车场、厕所、饮食及信息中心等设施布局进行划区分流，达到控制旅游者人数、进行生态管理的目的。四是对一些生态敏感景区实行申请许可证制度来控制。

(2)淡季的休养生息与环境补给

对短期生态旅游环境容量饱和或超载的生态旅游地，应充分重视旅游淡季的休养生息和环境补给。由于在旅游旺季时，生态旅游环境系统物资、能量、信息等消耗过量，在旅游淡季时，就不能仅靠环境本身的调节能力来休养生息，需要人工补给大量物质、能量和信息等，促使生态旅游环境尽快恢复，保持其容纳能力。

(3)轮流开放，分区恢复

对局部性生态旅游环境容量饱和或超载的生态旅游地，除上述“拒绝”旅游者进入饱和或超载旅游景区以及划区引流外，还有一个可以利用的方法，就是轮流开放，分区恢复。其措施是将该类景区关闭一段时间，让受损的生态旅游环境系统有一个恢复阶段，以期可持续利用。在轮流开放时，要注意开放的景区类型的搭配，不要同时将同一类型、同一功能的景区或景点全部关闭，否则会影响游客游兴和整个旅游区的形象。

(4)人工治理受损环境，加快旅游环境恢复

对生态旅游环境受损较大的地域，单靠环境的自净能力和自我恢复

能力难以恢复其生态环境，应采取人工治理措施。对受干扰严重的自然生态环境系统要人工干涉，以恢复其生态平衡；对受污染的水体要采取相应措施加以治理；对因环境受损造成生态旅游者与当地居民关系紧张的地区，要加强疏导和宣传教育工作，以使生态旅游环境保持较佳的容量。

（二）对疏载生态旅游环境容量的调控

1. 疏载的含义

人们在讨论生态旅游环境或旅游环境容量时，较多关注的是容量饱和或超载，而很少注意到生态环境容量的另一方面——生态旅游地的疏载和空载。所谓疏载，指的是生态旅游地和场所的旅游流量过小，旅游者数量和旅游活动强度远小于生态旅游环境容量的最佳值和极限值，造成生态旅游资源闲置，导致资源和设施的浪费。

2. 造成疏载的原因

（1）生态旅游资源的开发特色不突出

特色是旅游开发的灵魂和生命线，无论是国际指向性，还是国内指向性或区域指向性，生态旅游资源的开发一定要有特色，没有特色就无法吸引旅游者，也就无法达到较理想的生态旅游环境容量。我国目前生态旅游容量饱和或超载较严重的生态旅游地都是级别高、特色突出的旅游地。

（2）生态旅游地的开发方式单一

有的生态旅游地虽然生态旅游资源质量高、吸引力大，但由于开发方式单一，产品单调，可游览的景点少或可开展的旅游活动项目少，旅游通达性较差等，也会导致生态旅游环境容量疏载。

（3）旅游宣传、促销力度不够

不少生态旅游地资源上乘，开发也有一定规模，但宣传、促销力度不够，不为广大民众所知，也就不能激发旅游者前往的动机，造成疏载。

（4）旅游产品周期性的影响

旅游产品和旅游地（包括生态旅游产品和生态旅游地）都有生命周期，有成长期、成熟期、衰退期。到了衰退期，就会出现旅游者数量减少的现象，造成疏载。

3. 疏载的生态旅游环境容量的调控

疏载虽然不会导致生态旅游环境系统的失调和破坏，但会影响生态旅游资源价值的实现，会影响旅游经济效益，从谋求经济、资源、环境协调发展的旅游可持续发展观出发，也可以说是一种环境问题，因为它从经济上否定了环境的价值。因而，有必要重视对疏载的生态旅游环境容量的调控。

(1)充分挖掘生态旅游资源特色，开发吸引力强的生态旅游产品

以市场为导向，以资源为基础，以产品为“细胞”，以项目为支撑，完善旅游功能，抓“龙头”产品，依托基础设施，注重特色的挖掘、保护，深化生态旅游资源的特色开发，实施名牌战略，吸引生态旅游者。

(2)充分实现资源和环境价值，进行综合性开发

生态旅游资源和环境存在着功能上的多样性。世界旅游产品开发日趋多样化和综合化，因此，要充分挖掘生态旅游资源和环境的价值，开发多种多样的生态旅游产品，提高对不同层次的生态旅游者的吸引力，增大旅游流量。

(3)重视旅游宣传促销

通过各种宣传媒介，尤其是结合国家旅游促销主题，以及举办各种与生态旅游有关的节庆活动，加大旅游促销力度，灵活运用多种促销手段，使信息及时传播给广大民众，激发其旅游动机，吸引旅游者前往。

(4)注意生态旅游产品的更新换代，延缓其衰退速度

一些开发较早的生态旅游地因其产品逐渐进入衰退期，对生态旅游者的吸引力下降。对此，应不断开发出新的生态旅游产品，推出新的生态旅游项目，以延缓其衰退速度，重新激发旅游者的旅游动机，实现生态旅游资源和环境的深层价值。

(5)以“热”带“冷”，促进生态旅游全面发展

区域旅游开发中存在着“热点”“热线”与“冷点”“冷线”现象，生态旅游开发中也存在着类似的现象，往往“热点”“热线”地区易出现生态旅游环境容量的饱和或超载现象，而“冷点”“冷线”地区则易出现疏载现象。

要想办法吸引旅游者前往“冷点”“冷线”地区，分流旅游者，进行“冷”“热”搭配，以“热”带“冷”，促进区域生态旅游环境容量相对均衡以及生态旅游的全面发展。

总之，对生态旅游环境容量进行调控是生态旅游规划与管理的重要手段。在实际应用中既要注意生态旅游环境容量饱和或超载造成的危害，采取相应措施进行调控，又要注意生态旅游环境容量的疏载或空载，采取措施避免生态旅游资源和环境及旅游设施的闲置。

第三节 生态旅游环境影响评价

一、生态旅游环境影响评价的概念和意义

环境影响评价又称环境效应评价，是人们在采取对环境有重大影响的行动之前，在充分调查研究的基础上，识别、预测和评价该行动可能带来的影响，按照社会经济发展与环境保护相协调的原则进行决策，并在行动之前制定出消除或减轻负面影响的措施。环境影响评价是进行环境预防管理的有效方法。它是一个行政管理部门、环境部门、公众共同参与决策的过程，其作用主要是减少投资损失，降低项目运行成本，避免对环境造成无法预见的重大损害。生态旅游环境影响评价是对生态旅游活动产生的环境影响进行评价，它通过设置一套完整的评价指标体系来实现对生态旅游环境的全面监控和评估。生态旅游环境评价的作用主要是确认风险，减少不利影响，确定环境容量，通过研究、管理和监测，以及有效的公众参与，提出合理的保护生态环境的措施。它对于生态旅游景区的经营者和景区所在地的行政管理部门都具有重要的实践意义。

对于生态旅游经营者而言，生态旅游景区环境影响评价是对其经营管理业绩进行衡量的方式之一。生态旅游景区环境影响评价能从多元化的角度反映景区经营管理者的经营理念和经营业绩。对于生态旅游景区所在地的旅游管理部门而言，景区环境影响评价又是制定管理决策的重

要依据。当生态旅游景区经营活动对所在区域环境产生负面影响时，主管部门可以根据环境影响评价传递的信息制定针对性措施。当生态旅游景区申报新项目时，主管部门也可以根据项目的环境影响评价预测来判断该项目通过审批的可能性。

二、生态旅游环境影响评价的一般要求

由于生态旅游产品开发的全过程都可能对生态旅游环境产生影响，因而生态旅游环境评价包括从旅游线路的选择、旅游设施的设计与建设到生态旅游产品运营的全过程。生态旅游产品开发对生态旅游环境的影响方式有集中作用与分散作用、长期作用和短期作用。影响的性质有正影响和负影响、可逆影响和不可逆影响、显现性影响和潜在性影响。对所有的这些影响，都应在生态旅游环境影响评价中予以阐述。

三、生态旅游环境影响评价的基本步骤

生态旅游环境影响评价的基本程序如下：

(1)选定生态旅游环境影响评价的主要对象和主要因子。

(2)根据评价对象和评价因子选择预测方法、模式、参数，并进行计算。

(3)研究确定评价标准，进行主要生态系统和生态功能的影响评价。

(4)进行社会、经济和生态环境相关影响的综合评价和分析。

四、生态旅游环境影响评价的内容

生态旅游环境影响评价一般应阐述如下问题和内容。

(1)拟开发的生态旅游项目主要影响的生态系统及其功能、影响的性质和程度。

(2)生态旅游环境的变化对区域生态环境功能和生态旅游环境稳定性的影响，分析影响的补偿功能特性和生态旅游环境功能的可恢复性。

(3)对主要敏感区目标的影响程度及保护的可行途径。

(4)主要生态问题和生态风险。阐明区域生态旅游环境的主要问题、发展趋势,阐明主要生态风险的来源、概率、可能造成的损失、影响风险的因素及防范措施。

(5)生态旅游环境宏观影响评述。说明区域生态旅游环境状况及可持续发展对生态旅游环境的要求,阐明生态旅游项目开发的生态旅游环境影响与区域社会经济发展的基本关系。

五、生态旅游环境影响评价的方法

(一)生态旅游环境影响评价指标体系

评价指标体系的构成应在整体上能够反映设定的生态旅游环境目标。生态旅游环境目标是生态旅游决策者要求生态环境质量达到的状态。各生态旅游景区设定的生态环境指标不尽相同,但其基本内涵是一致的。依据国家级风景名胜区的管理要求和生态旅游开发方向的定位所设定的指标应对生态旅游环境影响评价具有指导、监督和协调作用。评价指标体系既要反映未来生态旅游环境质量状况、生态系统的稳定性特征,又要能够反映社会、经济、文化的支撑能力;评价指标应具有可操作性,含义明确,方法统一,易于理解,而且具有普适性;评价指标应与生态旅游环境适宜性评价指标吻合;评价指标要有评价标准,尽量采用现行的各类环境质量指标,以保证评价标准的相互借鉴作用,使指标标准有科学依据。[①] 生态旅游环境影响评价指标体系由旅游自然生态环境、旅游人文社会环境、旅游资源环境和旅游环境容量气氛四大系统构成一级指标,每一系统由若干要素构成二级指标,这些要素又由若干参数构成三级指标,可能还会有第四、第五级指标。各级指标的集合便构成了评价指标体系的框架,见表5—1。

① 吴静.生态视野下的旅游规划环境评价研究[M].天津:南开大学出版社,2014.

表5－1　生态旅游项目环境评价指标体系框架

<table>
<tr><th>第一级</th><th>第二级</th><th>第三级</th></tr>
<tr><td rowspan="4">生态旅游环境</td><td>旅游自然生态环境</td><td>环境空气
地表水
声学环境
土壤资源
植被
野生动物
地质地貌</td></tr>
<tr><td>旅游人文社会环境</td><td>交通
服务质量
卫生状况
旅游供给</td></tr>
<tr><td>旅游资源环境</td><td>资源数量品种
美学娱乐价值
康体娱乐价值
历史文化价值
资源组合条件</td></tr>
<tr><td>旅游环境容量气氛</td><td>容量适宜程度
景观协调程度</td></tr>
</table>

(二)评价因子权重的确定

评价因子权重的确定是关键,它直接影响评价结果的合理性。确定权重的常用方法主要有德尔菲法和层次分析法。

德尔菲法(也称专家调查法),是指邀请专家对各项指标进行权重设置,将汇总平均后的结果反馈给专家,再次征询意见,经过多次反复,逐步取得比较一致结果的方法。德尔菲法虽比较简单,但主观性强。

层次分析法是指将与整体决策有关的元素分解成目标、准则、方案等层次,然后进行定性和定量分析的方法。层次分析法具有定性与定量相结合的特点,能大大提高决策结果的客观性和科学性。

(三)生态旅游环境影响综合评价

在对生态旅游自然生态环境、旅游人文社会环境、旅游资源环境和旅游环境容量气氛四项第二层要素评分基础上,计算出生态旅游环境质量综合评分，定量评价生态旅游环境影响。

第四节　生态旅游环境的保护

生态旅游的最终目标是要改进旅游方式，促进旅游地生态环境良性循环。但我们应该认识到，较之传统旅游活动，生态旅游活动对生态环境固然有着更多的良性影响，但同时也会产生一些不利的影响，如果规划与管理不当，甚至可能造成更大的危害（因为生态旅游地多处于生态环境脆弱区，一旦造成生态环境破坏或退化，将很难恢复其原生生态系统及其功能）。

一、生态旅游环境问题的类型

所谓生态旅游环境问题，是指在人类活动和自然因素作用下，生态旅游环境朝着不利于生态旅游活动开展的方向发展，造成生态旅游环境系统受损或功能难以发挥。

（一）根据生态旅游环境问题的成因划分

根据生态旅游环境问题的成因，生态旅游环境问题可分为以下三类。

1. 原生态旅游环境问题

原生态旅游环境问题是指由自然作用引起的生态旅游环境问题，包括自然灾害引起的生态旅游资源和环境破坏、自然因素（如风化等）引起的生态旅游资源和环境质量的劣变。具体来说，原生态旅游环境问题包括生态旅游环境破坏和生态旅游环境退化两个方面。

2. 次生态旅游环境问题

次生态旅游环境问题指由于不合理的生态旅游活动、生产、生活等引起的生态旅游资源环境的破坏、污染和价值降低等，包括因旅游经营者、管理者和旅游者不合理的活动造成生态旅游资源和环境的破坏，生态旅游活动及其他人类活动所产生的“三废”（废物、废水、废气）等导致生态旅游资源和环境质量下降（退化），以及建筑或其他景观与生态旅游环境不和谐等。具体来说，次生态旅游环境问题包括生态旅游环境破坏、生态旅游环境污染和生态旅游环境不协调三个方面。

3. 社会生态旅游环境问题

社会生态旅游环境问题是指因人类社会经济畸形发展或政治动乱等造成的生态旅游环境质量下降或破坏。

（二）根据生态旅游环境问题的程度划分

按照生态旅游活动对生态旅游环境的影响程度，生态旅游环境问题也可分为三类。

1. 生态旅游环境破坏

生态旅游中包含旅游开发和旅游者的活动，如果在这一过程中，缺乏合理的、科学的规划和引导，就会造成生态旅游资源和环境的破坏。主要的破坏类型如表 5－2。

表 5－2　生态旅游环境可能的破坏类型与内容

破坏类型	破坏内容
破坏动植物种群结构	1. 破坏繁殖习性； 2. 猎杀动物； 3. 影响动物迁移； 4. 植物因采集而遭破坏； 5. 因砍伐、铲除植物建设旅游设施而改变植物覆盖率或性质； 6. 游客踩踏而导致植物死亡
破坏地表	1. 导致地表水土进一步流失和侵蚀； 2. 提高发生地面滑坡、泥石流等的可能性； 3. 破坏地质特性（如突岩、洞穴等）； 4. 损害江河、湖、海岸线； 5. 破坏景观地貌
破坏自然资源	1. 导致地下水枯竭； 2. 导致为旅游活动提供的化石资源枯竭； 3. 提高发生火灾的可能性； 4. 降低大气环境质量
破坏社会经济环境	1. 导致社会经济结构单一，易崩溃； 2. 导致传统文化艺术消失

2. 生态旅游环境退化

生态旅游虽然以不牺牲生态环境为代价，以有利于资源的可持续发展为目标，但生态旅游资源的开发和旅游经营者、活动者的行为都或多或少地对生态旅游环境有一定的影响，会导致生态旅游环境退化。主要退化类型如表5—3所示。

表5—3 生态旅游环境可能退化的类型与内容

退化类型	退化内容
动植物生长环境恶化	1.旅游者踩踏使土壤板结，影响动植物生长； 2.土壤被废水、废物污染，影响动植物生长； 3.大气污染导致植物生长受阻； 4.噪声污染影响动物迁移与生长； 5.水体污染导致水生生物生长环境恶化甚至引起水生生物死亡
人类生活环境质量下降	1.助长某些害虫繁衍； 2.大气污染物导致呼吸系统和心脏疾病发生； 3.水体污染导致某些疾病传染； 4.噪声污染干扰休息，损伤听力，引发心血管系统、消化系统、神经系统、内分泌系统等疾病； 5.受旅游者影响，当地居民生活方式、价值观念发生变化； 6.犯罪率提高； 7.当地传统文化同化与伪民俗出现； 8.旅游者与当地居民发生冲突
旅游气氛环境恶化	1.生态旅游环境超载，影响游客对景观的感知； 2.生态旅游环境超载，造成交通拥挤、食宿紧张等，导致旅游体验质量下降； 3.大气污染导致旅游体验质量下降； 4.水体污染导致旅游体验质量下降； 5.噪声污染导致旅游体验质量下降； 6.旅游经营管理的素质偏低导致旅游体验质量下降

3.生态旅游环境不协调

在很多人眼中，生态旅游在很大程度上属于自然旅游，特别强调旅游活动场所与自然的和谐一致，但是有些旅游设施、旅游经营管理者的行为和旅游者的行为等仍与生态旅游环境不协调。生态旅游可能造成的生态旅游环境不协调的类型与内容如表5—4所示。

表 5－4　生态旅游环境可能不协调的类型与内容

不协调类型	不协调内容
建筑设施与生态旅游环境不协调	1. 建筑设施体积； 2. 建筑设施外观； 3. 建筑设施颜色； 4. 建筑设施密度
“三废”与生态旅游环境不协调	1. 固体垃圾堆放； 2. 废水排放； 3. 废气排放。
旅游地城市化、商业化与生态旅游环境不协调	1. 旅游地商业化内容； 2. 旅游地商业点分布； 3. 旅游地商业形式
旅游者行为与生态旅游环境不协调	1. 旅游者行为； 2. 旅游者行为结果
人造景观与生态旅游环境不协调	1. 人造景观与自然环境不协调； 2. 人造景观与文化环境不协调； 3. 人造景观与社会经济环境不协调
游道、灯光等配置与生态旅游环境不协调	1. 游道设施； 2. 灯光设施； 3. 停车场

二、生态旅游环境问题产生的原因

任何事物都有其形成演化的背景、原因及发展过程，生态旅游环境问题亦不例外。

（一）思想意识方面的原因

长期以来，人们在生态旅游开发之中，既无旅游开发市场观念，又无资源和环境保护观念，没有将旅游资源和环境损耗纳入成本之中，低估了生态旅游成本，结果造成了投资浪费、开发性破坏或污染，带来不良的生态影响。一些地方认为，生态旅游既然是保护自然式的开发，就不会带来生态旅游环境的污染和破坏。还有一些地方对生态旅游资源可再生性的认识不足，或者说在理解生态旅游资源特性时套用了一般资源可再生性的衡量标准，导致旅游资源和旅游环境被破坏。

（二）管理体制方面的原因

生态旅游管理对于生态旅游开发是十分重要的，但事实上，生态旅游管理仍显不够。

1. 缺乏统一规划与引导

生态旅游兴起并迅猛发展，使各级政府、各部门都投身于生态旅游开发之中，"有条件者上，无条件者创造条件也要上"。这虽然在一定程度上促进了生态旅游业的发展，但在管理上缺乏统一布局规划，在具体规划上也照搬一般的旅游规划，甚至是区域规划，微观上又缺乏有力的机制加以引导，导致开发上"遍地开花"，质量差，趋同性强，特色没有充分挖掘，效率差，甚至造成开发性污染或破坏，损害了自然整体美和淳朴的民风民俗及民族文化。

2. 管理体制上的不科学

在生态旅游开发管理中存在着"一个部门受多个部门管辖"的现象，如自然保护区和森林公园的建立大多隶属于林业部门，旅游管理隶属于旅游部门，环境保护、管理、治理又属于环境部门，保安、物价、道路、供水、供电等为当地政府管辖等，政出多门，管理混乱，无法统一规划、统一管理。

（三）旅游经营者和旅游者行为方面的原因

一些生态旅游经营者和生态旅游者素质低下，不仅导致旅游形象受损，而且导致生态旅游资源和环境被破坏。

（四）其他产业发展方面的原因

其他产业毗邻生态旅游地发展，有可能导致生态旅游环境污染或破坏。主要有：其他产业所造成的一些污染物质在一定程度上影响或破坏了生态旅游环境；其他产业直接侵占生态旅游用地或毁坏生态旅游资源；等等。

（五）短期经济效益驱动的原因

一些生态旅游景点、景区经受不住经济收益的诱惑，致使生态旅游环境长期超载，导致生态系统失衡。

(六)自然因素方面的原因

自然因素对生态旅游资源和环境的破坏,在大多数情况下人类是无法改变的。它包括正常变化与异常变化两种。正常变化往往是自然力量导致的,如风吹、雨淋、日晒、水流冲蚀、病虫害及腐蚀等作用而引起的变化,主要改变景观形态、颜色和结构,导致景观质量下降或破坏;异常变化主要是指火山爆发、崩塌、滑坡、泥石流、洪水、台风、海啸、森林火灾等自然灾害造成的资源与环境的毁灭性破坏。

(七)社会方面的原因

社会方面的原因往往也会对生态旅游资源或环境造成破坏,如战争毁坏森林、山体、水体等。

目前人们对生态旅游多半是从正面影响加以论证、宣传的,但生态旅游是一种人类的旅游活动,有一定的活动范围和活动强度,仍会产生一些环境问题。在发展生态旅游过程中,要重视对生态旅游环境的影响评价和规划管理等,以促进生态旅游环境良性循环,达到可持续发展的目的。

三、生态旅游环境的保护对策

(一)认识并利用生态旅游开发与环境保护规律

生态旅游开发中存在着各种各样的矛盾,生态旅游活动在一定程度上加剧了环境损耗和地方特色的消失。一定程度上,伴随经济效益增长的是生态环境、自然景观、文化特色和传统习俗等的破坏和消失。因此,尊重和保护生态旅游资源和环境,不断改善环境质量,促进人类与环境和谐共处是生态旅游发展的根本目的。这就必须从生态旅游开发与环境保护的相互关系中探寻内在规律,针对不断恶化的生态环境,加强生态旅游开发与环境保护的一体化研究,制定相关方针政策,采取措施,促进生态旅游与自然、文化、环境融为一体。

(二)认真做好生态旅游地的环境规划

生态旅游地环境规划是在旅游地生态环境调查、评价和预测的基础上,以生态学原理和方法对旅游地进行合理布局与安排为主要内容的保护和改善环境的战略性部署。在规划时要考虑生态旅游资源的状况、特征与分布,旅游者类别与需求特征,潜在的环境影响,生态旅游环境容量大小,旅游地生物多样性程度与保护条件,以及自然资源的可持续利用,在不破坏生态旅游环境的基本原则指导下,对生态旅游环境进行功能分区,制定适合动物栖息、植物生长、旅游者旅游和居民居住的各种规划方案,充分利用河、湖、山、绿地和气候条件,为旅游者创造优美景观,为当地居民创造舒适、卫生的居住环境。

(三)制定生态旅游开发政策

政策往往是发展的先导,是进行管理的前提和条件,因此,生态旅游开发政策是进行生态旅游环境保护和治理的重要条件。

1.经济政策

为维护美丽景观和田园特色及“原汁原味”的生态系统,实现生态旅游的持续发展,一些对环境资源有破坏作用的产业,即使经济效益再高,也不应引进;而农业生态系统的初级生产产业部门和野生动植物开发产业部门,虽然其产业短期经济效益不高,但其开发有利于增加景观生态多样性,增强地方田园特色,并可长期吸引更多的生态旅游者,所以应是当地政府重点支持发展的产业部门。

2.环境政策

生态旅游的基础在于有良好的生态环境和资源,旨在促进区域发展的同时,保持、实现环境的良性循环。为预防可能发生的环境退化、污染、破坏等,在制定生态旅游发展规划时,务必弄清其潜在的环境影响,对拟开发的每一个生态旅游项目(产品)都要进行环境影响评价,不符合环境标准的项目坚决予以取消;对正在建设和运行的项目进行监督,将环境影响降到最低。

3.技术政策

生态旅游者的主要目的是回归自然、欣赏自然、享受自然。在高科技产品随处可见的时代,越是具有地方特色的实用技术,对生态旅游者越有吸引力。根据自然规律衍化而来的具有浓郁田园特色的田园技术使来自现代化都市的旅游者流连忘返。因此，一些民间技术和生产部门，虽然技术含量不高，也值得保存。一个融古老技术和现代技术于一体的景观，如果保存完好，将是一个很吸引人的景观，但前提是对环境无害。

4. 社会政策

生态旅游不仅要使当代旅游者和当地居民受益，也要使未来的旅游者能继续分享利益，即代间分享生态旅游资源和环境价值。生态旅游的受益者不仅仅是特定旅游者、居民个体或群体，而是所有与生态旅游资源和环境有关的人和群体，利益的获得不能以牺牲他人利益（即代内的公平性）为代价。旅游者和居民的社会移动必须与生态旅游资源的结构、功能及价值相协调，同时不损害当地的社会文化价值和民族生活习俗等。

（四）认真进行环境审计

环境审计一般被认为是预测企业组织运行，以确定其是否遵从已制定的环境规章制度、标准和政策的过程。这个过程主要包括评价、检验和证实三个步骤。很明显，环境审计对生态旅游企业管理、保护生态旅游环境具有重要意义。

近年来，新的法律、技术和设备不断出现，使环境保护、管理、规划有了长足进步。随着公众对环境问题的日益关注以及对可持续发展战略的广泛认同，环境审计也将为生态旅游的环境保护、规划和管理提供有效的方法。

（五）对旅游者进行生态教育和管理

有必要对旅游者和潜在旅游者在旅行前进行生态旅游环保意识教育。例如：开办自然学校对青少年进行生态环境保护教育，增强其环保意识；建立生态博物馆，进行生态导游；等等。对旅游者进行相应的教育，有关旅游组织机构、企业对此负有责任。

通过多种手段使旅游者懂得作为一个旅游者特别是生态旅游者，必须履行生态义务，奉行生态道德，提倡生态文明等。

对旅游者进行保护生态旅游环境的生态教育，这一工作可以从以下几个方面进行。

(1)在旅游区内设立具有环保意识教育功能的基础设施,如在生态环境景观旁边设立科学解说系统,设立提醒旅游者注意环境卫生的指示牌。

(2)采用多种方式,使旅游者接受多渠道的环保意识教育,如在门票、导游图上添加生态知识和注意事项。

(3)增加旅游商品中的生态产品。

(4)增加具有生态保护意义的交通工具。

(5)采取一定的奖惩手段。

对旅游者还可以进行空间和时间上的划区引导,充分利用道路、池塘、天然小径、停车场、厕所、饮食厅及信息中心等设施的布局,引导旅游者分流。此外,通过一定经济手段调节旅游者的流量和流向也较为有效,如实行淡旺季旅游价格(包括交通费以及门票、食宿费等)浮动调节等。

法律手段往往是管理的有效手段,在生态旅游地应以现有法规条例,如《中华人民共和国环境保护法》《中华人民共和国森林法》《风景名胜区管理暂行条例》等为依据,也可尝试制定地区生态旅游管理条例等,结合生态旅游区的实际进行管理。

(六)建立相关观测站点以利于调控

可在生态旅游区建立定位与半定位观测站点,对生态旅游环境进行跟踪观测研究。对生态旅游环境进行跟踪观测是生态旅游区环境质量控制和管理的重要手段和必经环节。只有对生态旅游景区环境进行跟踪观测,生态旅游景区管理者才能确定其生态旅游环境容量,掌握生态环境的变化,并针对变化的特征采取适当的对策与措施,确保生态旅游环境质量向更好的方向发展。

总之,生态旅游环境保护要遵循生态旅游与环境规律,从生态旅游政策、开发规划的制定,环境影响的评价与审计,生态旅游产业结构的建立,以及对旅游管理者、经营者及旅游者进行生态教育、生态管理等方面着手,进行全方位的生态旅游环境保护,以达到生态旅游可持续发展的目的。

第六章　生态旅游环境管理

开展任何形式的旅游活动都会对旅游资源和旅游生态环境产生一定的影响，所谓“无烟工业”“无污染产业”只是人们在工业化时期对旅游业的一种错误认识。虽然与其他工业相比较，旅游对环境及资源的影响确实小得多，但旅游开发仍然会或多或少地对环境及资源造成破坏。生态旅游也不会因为贴上了“生态”的标签，便能自觉地实现旅游开发与生态环境之间的协调。作为旅游开发与环境保护二者有机统一的新型旅游开发方式，虽然生态旅游在强调利用良好的资源和生态环境吸引旅游者的同时，更注重对开展旅游活动的旅游目的地自然资源和生态环境的保护，但在生态旅游开发的过程中，稍有不慎，便会重蹈大众旅游的覆辙，对资源造成无法弥补的损失。因此，要想真正实现生态旅游与生态环境的共生共荣，必须强调对这一旅游形式进行科学有效的环境管理，环境管理在整个生态旅游和生态环境保护过程中有着重要的作用，已成为旅游业可持续发展的关键。

第一节　生态旅游环境管理的概念和特点

一、环境管理的概念

环境管理是一个非常广泛的概念，主要是指人类在从事的各种生产与生活活动中，通过宏观环境发展综合决策与微观执法监督相结合来防止和限制人类损害环境质量活动的发生，使经济发展与环境相协调，从而做到既发展经济满足人类基本需要，又不超出环境的容许极限。

生态旅游的环境管理则是指在开展生态旅游的各区域（包括自然保

护区、各级森林公园及风景名胜区等)，通过经济、法律、规划、技术、行政、教育等手段，对生态旅游活动中一切损害或可能损害资源与环境的活动及行为加以限制与规范，以维护和保持高质量的生态环境，协调旅游发展与环境保护之间的关系，使生态旅游活动的开展既满足旅游者回归自然的需要和旅游目的地经济发展的需要，又保持资源的原生状态。

实际上，生态旅游环境管理就是要预防和解决生态旅游活动中可能形成的环境污染和生态破坏，使其经营运作活动对环境的负面影响最小化，保证旅游目的地的环境安全，实现区域社会的可持续发展。

二、生态旅游环境管理的特点

(一)协调性

生态旅游是一项综合性产业，其环境管理的范围涉及旅游、交通、文化、文物、民族、城建、环保、工商、卫生、公安、工业、农业、商业、林业、水利等不同的行业和部门，有关环境保护的事务往往会超越某一部门的职能范围，因此要在不同部门之间进行沟通，协调和解决部门间、地区间、短期利益与长期目标之间、不同政策之间关于环境与发展的关系和问题，以使环境管理真正有利于保护环境。

(二)综合性

生态旅游环境管理是具有交叉性的管理活动，是环境科学与管理科学、管理工程、社会经济学交叉渗透的产物，具有高度的综合性。一方面，生态旅游管理的对象和内容具有综合性。旅游环境管理涉及对旅游区的环境质量和自然资源质量的管理，它是由社会、科学技术、管理、政治、法律、经济等组成的完整的环境管理系统，内容的综合性决定了管理的综合性。另一方面，生态旅游环境管理的手段具有综合性，它需要采用经济、法律、技术、行政、教育等多种手段，并要综合加以运用。在生态旅游的环境管理中，规划是前提，资金是基础，实施是关键，监管是手段，政府支持是保障。

（三）区域性

由于各旅游目的地的自然背景、人类活动方式、经济发展水平和环境质量标准存在着明显的地区性与区域性差别，因此，旅游环境管理必须根据不同生态旅游区资源与环境特征，因地制宜地采取不同措施，以各旅游区为主体进行具体管理。即旅游环境管理的手段、制度等的运用，要注意结合当地环境与资源的特点，不能用统一的模式去管理所有的旅游区。

（四）广泛性

人们的环保意识和与环境问题有关的社会行为是经常对环境起作用的因素。环境管理的对象，首先是人们的意识和行为，没有生态旅游目的地公众的参与和支持，环境管理是进行不下去的。因此，生态旅游环境管理还要依靠旅游者、旅游目的地居民、旅游部门与环保部门以及其他相关部门的广泛合作。这些都决定了生态旅游环境管理的广泛社会性。

（五）长期性

环境是不断变化的，生态旅游环境保护必须进行动态管理。在生态旅游规划与开发阶段，由于设计与开发强度受人为因素影响较大，管理工作力度要相应加强。随着时间的推移和自然环境的变化，新的影响又将产生。因此，生态旅游环境保护是一项长期的工作，在整个旅游活动中都要进行监测与评估，并随时根据评估结果调整环境管理的措施，做到适时有效管理。

三、生态旅游环境管理的原则

在实行生态旅游管理的过程中，为保证管理的有效性，应坚持以下原则。

（一）效率与公平相结合的原则

生态旅游规划与开发过程中表现出来的环境问题从本质上来说表现为两个方面:经济视角的效率低下，社会视角的有失公平。评价环境管理有效与否的标准有两条:效率和公平。效率与公平是相互影响、相互制约的，低效率决定了不公平；反之，实行一种环境管理手段，如果不遵循公平原则，导致的结果可能不是污染的减少，而是污染的增多和生态旅游目的地的衰落。

（二）市场与政府相结合的原则

不可否认，目前各旅游区开展的生态旅游活动是以市场机制作为引导的，市场机制固有的缺陷极易导致环境问题上的“市场失灵”。[①] 而单纯由政府调控又无法为各生态旅游目的地的资源保护提供足够资金。可见，市场与政府间的选择并不是一个完善与不完善之间的选择，而是在不完善的程度和类型之间的选择。这就要求生态旅游管理既不能完全摆脱市场，又不能完全脱离政府，要发挥政府调控与市场协调的双重作用。一方面，加强政府的监管；另一方面，以经济利益推动各旅游企业自觉参与到保护环境的行动中来。

（三）制度与技术相结合的原则

面对旅游目的地的保护问题，要解决的无非是两大难题：一是人与旅游环境的关系问题，二是在使用环境时人与人的关系问题。前者强调的是环境技术，后者强调的是环境制度。技术水平的高低决定了环境保护的质量、效率；制度的本质则明确界定旅游区环境保护的责、权、利关系，解决生态旅游环境管理激励什么、约束什么的问题。但是，制度的选择和设计只能与当时、当地的技术水平相适应，而不能孤立地就制度论制度。

（四）预见性和长远性相结合的原则

生态旅游目的地环境的管理有一定的滞后性，往往是在旅游活动形成污染以后才开始进行治理。这就要求开展生态旅游的环境管理工作时要有预见性和长远性。要密切注视旅游活动的开展动向可能对环境保护带来的短期和长期影响，要在各生态旅游区不间断地开展环境影响评价，并使之年度化、规范化，以此保护旅游目的地环境资源的可持续性。

第二节　生态旅游环境管理的目标与方式

一、生态旅游环境管理的目标

生态旅游活动是围绕可持续发展这一主题展开的。在生态旅游活动

---

① 李辉. 生态旅游规划与可持续发展研究[M]. 北京：北京工业大学出版社，2021.

中，通过环境管理加强环境保护，以保护促进发展，在发展中加强环境保护，实现环境保护和社会经济发展的“双赢”，这是进一步加强环境管理的基本目标。要想持续地取得较好的旅游经济效益，需要对环境和经济双重管理目标进行优化，实行同步规划、同步运作，建立覆盖整个生态旅游区的长效管理机制，把生态效益和经济效益相互推动的关系贯穿生态旅游活动的全过程。通过生态环境目标的实现，为旅游经济目标的实现创造有利的自然条件；通过旅游经济目标的实现，为生态环境目标的实现创造较好的物质环境和发展空间。

二、生态旅游环境管理的主要方式

（一）末端治理型环境管理

在开展生态旅游的各旅游区，目前采用较多的是以控制环境污染物的排放为主的末端治理型环境管理方式。这种方式强调对污染的事后治理，属于先污染后治理、边污染边治理的环境管理方式，花费大，治理效果不明显。

（二）清洁生产型环境管理

由于末端治理型管理花费大、周期长，无法从根本上解决生态旅游环境问题。同时，实践研究证明，预防污染的费用要大大少于事后治理费用。于是，以预防为主、清洁化生产的环境管理观念逐渐被人们所接受，生态旅游景区开始转向清洁型环境管理模式，进而低成本、高效率地解决环境污染问题。

（三）全过程型环境管理

现代环境管理理论认为，不仅产品的生产，产品的项目决策、开发、营销、使用等各个环节也会牵涉并导致环境污染问题。虽然生态旅游是对环境破坏最小的旅游形式，但只要开展旅游，不论是何种形式的旅游，对环境都有一定程度的破坏。这种对生态环境的破坏不仅体现在经营过程中污染物的排放上，旅游项目的重复建设和对景区的无节制投入同样是导致生态破坏和资源枯竭的主要原因。全过程型环境管理模式要求将环保意识渗透旅游产品决策、开发、营销、使用等各个环节，并主动管理各环节产品的环境性能。这种管理模式使景区在环境管理上从“事后治理”

“事先预防”开始转为全过程地解决问题——这也是生态旅游对环境管理的要求。这种管理模式从景区自身解决环境污染问题的要求入手展开工作，在生态旅游项目开发规划与经营的生命周期的相应阶段中主动开展环境管理，从本质上来说是一种有效的、全方位的生态旅游环境管理方式，目前已逐渐成为各生态旅游景区采用的主要环境管理方式。

第三节　生态旅游环境管理的制度规范与具体措施

一、生态旅游环境管理的制度规范

（一）生态旅游环境监测制度

生态旅游环境监测是指生态环境管理部门或生态旅游区相应的管理机构借鉴和使用科学、先进的技术设备，定期或随时对区域内的生态旅游环境（包括自然环境、人文环境）质量进行监测和分析评价，考察生态旅游活动带来的资源质量下降、物种数量减少等后果。它是最直观和科学的对生态环境进行保护性管理的方法，是环境保护工作的基础。生态旅游环境监测制度通过对生态系统现状以及因人类活动所引起的重要生态问题进行动态监测；对被破坏的生态系统在人类的治理过程中生态平衡的恢复过程进行监测；通过监测数据的收集，研究上述各种生态问题的变化规律及发展趋势，为预测、预报和影响评价奠定基础。生态旅游环境监测是对生态旅游区进行监测和管理，降低旅游活动对环境影响的有效措施。环境管理必须依靠环境监测，环境监测为环境管理提供技术支持、技术监督和技术服务。

实施生态旅游环境监测，首先要确定被监测的区域和监测项目。监测区域一般指自然保护区、国家公园等生态旅游地或其中划定的某个区域，监测项目将视生态旅游地的环境特征来定，环境监测主要包括空气、环境噪声、地面水、地下水四大类。环境监测中的采样点、采样环境、采样高度、深度、采样频率及预处理、分析方法的要求按环境监测技术规范进行。空气质量监测主要对 SO_2、NO_x、TSP（总悬浮颗粒物）三项指标进行监测；地面水监测指标包括 pH 值、细菌总数、大肠菌群数、溶解氧、BOD_5

(五日生化需氧量)、高锰酸钾指数、氨氮、总悬浮物八项指标;地下水监测指标主要包括 pH 值、细菌总数、大肠菌群、总硬度(以 CaO 计)、氨氮、硝酸盐氮六项指标。

环境监测系统的运作宜采用以专业机构为核心,取得被监测地的合作与协助,邀请相关的单位、院校、机构共同参与,并将当地居民甚至旅游者吸收过来达成可行性的共识。

在开展生态旅游项目的同时,根据景观、植被、动物、土壤、水环境等因素对旅游活动影响反应滞后的特点,在开展生态旅游的保护区核心功能区、游憩缓冲区、密集游憩区建立长期持续的环境监测样点(区),对比分析生态旅游对环境的胁迫影响程度及环境的旅游承载力,以促进生态环境持续健康发展,为进一步的旅游开发和管理提供决策依据。

(二)公众参与制度

公众参与制度是指在生态旅游环境保护中,公民有权通过一定的程序或途径参与一切与环境利益相关的决策活动,使得该项决策符合公众的切身利益。在环境保护中确立公众参与制度,是民主主义理念在环境管理活动中的延伸。公众既是环境的破坏者,又是环境的受害者,更是环境的治理者,对于与维持自身生存休戚相关的生态与环境问题,享有理所当然的参与权利。

我国环境保护基本法——《中华人民共和国环境保护法》规定:"一切单位和个人都有保护环境的义务,并有权对污染和破坏环境的单位和个人进行检举和控告。"《中华人民共和国固体废物污染环境防治法》《中华人民共和国噪声污染防治法》《中华人民共和国海洋环境保护法》《中华人民共和国大气污染防治法》《中华人民共和国清洁生产促进法》等都有鼓励公众参与环境保护的相关规定。在生态旅游区,无论是旅游者、旅游企业,还是旅游目的地当地居民,在生态旅游活动中参与环境管理和保护是法律赋予公民的权利,是促进环境保护工作的有效手段,理应被列入生态旅游环境管理制度中,成为在环境管理中普遍的制度规定,以强化对环境的保护和对旅游污染行为的监管。

生态旅游环境管理的公众参与主要包括以下几个方面的内容。

(1)制定生态旅游开发规划项目环境管理公示制度,包括项目信息公示制度和环保审批公示制度两部分。信息公示是指在环境评价过程中，开发方或环境评估单位使用一切可以使用的媒介，向公众广泛而深入地发布有关信息（如项目对自然生态的影响、将取得的经济效益状况以及开发中所采取的环保措施等），使公众能够充分了解项目的有关情况，从而正确有效地发表自己的意见和建议，提高公众参与的有效性。审批公示制是指在生态旅游项目开发过程中，环保部门采用召开公示座谈会等形式，广泛听取有关各方代表，包括专家以及旅游区社区居民的意见，做到项目审批的公开、透明和规范，实现全方位的参与。

(2)制定旅游企业环境行为信息公开制度。政府对旅游目的地企业的环境行为进行评价和分级，并定期将评级结果向社会公布，以公众的力量监督企业旅游经营活动的全过程。

(3)制定公众参与生态旅游环境影响评价制度。公众以认证会、听证会或其他形式发表对旅游项目环境保护方面的意见；在环保局审批环境影响报告书草案或规划草案前，作为中介服务的环评技术评估机构从相关专业的专家名单中，以随机抽取的方式确定评审组的专家，对环境影响报告书草案或规划草案进行技术性评审，并由专家评审组提出书面评审意见。以法律的方式确定专家以公众这一特殊的身份参与环境影响评价的地位，提高公众参与的水平和质量。

(4)赋予公众环境知情权。如发布环境状况公报和空气质量日报，在此基础上还应考虑公布某些重大生态旅游建设项目相关环境信息，以帮助公众了解这些项目的前景和可能产生的环境影响，对周围生活环境情况有客观和全面的掌握和了解。

(5)赋予公众议事权。公众有权依法参与各旅游区经济和环境决策的某些过程，对重要经济决策发表意见，对建设项目环境影响评价发表意见等。

二、生态旅游环境管理的具体措施

从国际环境管理的经验来看，环境保护是一种正外部性很强的公共产品，这种物品被生产出来后，任何身处其中的人都可以享受到利益，会形成“搭便车”现象，很难避免那些造成环境污染的人继续污染环境。消除外部性影响的一个有效方法就是在环境管理中引入市场机制,通过市场机制使得“谁污染谁付费”的原则得以实现。但是由于市场机制本身存在缺陷,政府的环境管理职能不能因为引入市场机制而被削弱,恰恰相反,政府的这一职能随着社会经济的发展而呈现出加强的趋势。为了保证环境管理的高效和质量,就必须处理好政府作用和市场作用的关系,合理划分二者的作用权限和范围。政府要在环境管理中占据主导地位,采用市场的方法来实施环境管理的某些措施,从而实现政府强制管制和市场机制相结合,强化对生态旅游的环境治理。

(一)充分运用法律手段,依法实施环境行政管理

要实现有效的生态旅游环境管理,必须加强旅游环境法治建设,完善立法。应根据生态旅游发展的总目标,开展立法规划的研究。可以遵循“边破边立”的原则,围绕生态旅游中重点推进和优先实施的领域,制定适用性、可操作性强的生态旅游环境法规体系,并进一步明确政府各行政主管部门的执法权限和法律责任。同时,要特别重视这些法规的监督执行,建立协调、高效的环境行政管理和执法体系,为旅游区各利益主体提供行为准则,有效规范、影响他们的行为方式,加强对环境污染和生态破坏的监督,切实改变目前存在较严重的执法交错、碰撞的现象,提高环境行政执法的权威性、合法性和准确性。这也是生态旅游环境管理的实质。只有不断健全相关法规政策,形成严密合理的系统,才能为生态旅游环境管理提供法律和政策依据。例如,严格执行生态旅游环保审批制度,在旅游活动的源头把关,把不符合资质的旅游企业排除在生态旅游开发经营之外,以行政手段抬高生态旅游的门槛。

(二)建立科学的环境管理运作机制

生态旅游的环境管理应在依法强制管理的基础上,立足于市场经济法则,真正体现“污染者负担”和“谁开发谁保护,谁破坏谁恢复,谁利用谁补偿”原则。对生态环境保护状况良好、治理污染先进的旅游目的地景区或旅游企业,应在政策上给予充分的支持和帮助。对企业在环保资金投入、环境污染治理等方面的困难要及时给予解决。治理污染效果明显的企业要给予经济上的和精神上的奖励,建立健全环境激励制度。同时,政府可以通过向那些对生态旅游环境构成不同程度损害的企业征收责任赔

偿费、高污染保证金等措施，实现由污染者对造成的破坏承担责任赔偿，促使其在预期赔偿费和控制污染的投资上做出有利于控制污染的选择，将污染这种外在影响内化到成本和市场价格中去，从而借助价格机制控制污染。

（三）制定和完善生态旅游环保科技、产业发展政策

生态旅游中出现的环境污染实质就是生态资源的浪费。虽然对旅游活动进行末端治理能够解决污染问题，但这毕竟是治标不治本的做法，不仅耗资大、运行费用高，而且会造成资源的流失与浪费。所以，生态旅游环境管理必须以科技作支撑，健全和完善环境科技发展政策，鼓励景区开发者与投资者研究、开发、引进和应用耗能少、物耗低、资源转化率高的新产品、新技术、新工艺，科学、合理地配置资源和要素，降低单位产品的资源损耗及污染物产生量，真正走清洁生产的道路。

同时，还需要完善产业发展政策，培育市场体系，限制或淘汰那些对生态资源造成严重破坏的旅游开发与规划项目，加强对旅游服务设施的建设调控，什么地方可以建，什么地方不可以建，什么项目可以上，什么项目不可以上，都应做明确的规定，从而从产业政策方面引导经营者的投资行为，以合理的旅游产业布局来实现对环境的保护。

（四）制定和完善环境资源产权制度

在当前生态旅游景区经营权纷纷出让的前提下，要实现有效的环境管理，必须进一步明确生态旅游资源的产权主体和监督主体，只有产权主体和监督主体明确才会实现有效的监督。因此，应当明确环境资源及生态旅游活动中的各种权属关系，划清环境权、所有权、使用权和经营权之间的界限，这对于加强生态旅游环境管理和促使环境成本内部化至关重要。建立与完善环境资源产权制度的具体内容如下：

(1)建立环境资源资产管理制度，强化环境资源所有权。组织对全国环境资源资产的调查和统计，明晰资源所有权。

(2)推动环境资源所有权和使用权分离，对环境资源实行有偿使用和有偿转让制度。建立环境资源产权市场，使资源的有偿使用和转让规范化、制度化。

(3)寻求能满足环境资源持续供给要求的产权管理制度，建立环境资

源实物账户和价值账户，编制资源资产负债表。

(4)由环境资源所有者委托生态旅游管理部门实现对开发经营企业的监管，完成环境的监督保护责任。

(五)建立先进的环境管理信息系统

生态旅游的环境管理是在多学科、多部门共同参与下，由多级管理层次所组成的复杂体系。环境管理信息系统的主要功能是为环境管理服务，同时兼顾其他用途，如科研、信息交流等。该系统既要满足现行的环境管理各项制度的信息要求，又要为建立标准化、规范化的环境管理信息系统打基础。要建立一个功能齐全、运行可靠、经济实用的环境管理信息系统，必须进行多学科不同专业的协作和攻关。① 同时，积极推行污染源在线监测，加强应急监测和特殊因子监测仪器设备的配置，以科学手段实施对污染源的动态管理，为生态旅游环境管理、环境规划提供基础数据，为环境管理决策提供依据。建立污染治理设施专业化、社会化运行管理机制，切实提高污染治理设施运行质量。

(六)进行全员培训，共同增强环保意识和能力

建立和推行环境管理体系需要全体员工的合作与参与，员工的环保意识直接影响旅游区的环境绩效。为了增强员工的环保意识，有必要对全体员工进行一系列的入门培训和环境保护教育，如建立公告栏，张贴环境保护方面的报纸和宣传画；购买环境保护教育的录像带让员工观看；在显著部位张贴环保标语等。除此之外，对一些特殊岗位的工作人员要进行专门的能力培训，如污水处理工、体系推进员、环境审核员、生态旅游导游和文物保护人员等。培训的内容包括以下几个方面。

(1)环境管理体系知识培训。

(2)环境方针、环保意识的培训。

(3)环境法律法规及相关要求的知识培训。

(4)专业知识和技能培训。

(5)所在岗位和环境保护职责、重要环境因素、细分的目标指标、信息

① 王永洁.东北地区典型湿地的水环境及其可持续性度量研究[M].北京：中国环境科学出版社，2010.

交流方式的培训。

(6)体系负责人员培训。

与此同时,要加强对社会公众的环保教育,变单一政府式的环境管理为公众参与式的环境管理。通过环境科学知识的普及,将生态意识化为全民族的共同意识,把环保教育看成全社会的事业,使全体公民都能理智、友善地对待生态环境,提高全民族的生态文化素质。通过这种普及性的教育,充分唤醒公众的环保意识,使社会公众积极参与到生态环境管理中来。

可见,当前生态旅游环境管理与环境保护正在向着综合计划、行政命令、市场手段、自愿行动的混合途径发展,其目标是要建立以政府直接控制为主,以市场手段为辅,倡导企业和公众自觉行动的混合型生态旅游环境管理体系,但这一目标的实现需要全社会的共同努力。

第七章　生态旅游可持续发展

第一节　生态旅游可持续发展概述

一、生态旅游可持续发展的内涵

随着旅游业的发展，生态旅游已经成为国际旅游发展的主流，生态旅游业必将在新时期成为一个极重要的经济增长点。生态旅游虽然是一种自然旅游形式，但是它与可持续发展有着极为密切的关系。生态旅游可以促进旅游业可持续发展，是保护环境、维护生态平衡的最好旅游方式，因此是实施可持续发展战略在旅游领域中的最佳选择；同时，生态旅游在旅游业的可持续发展中对保护旅游资源及环境，保护生物多样性，对民众进行生态环境、道德规范和行为教育等具有比其他旅游形式更突出的作用。所以生态旅游本身就是旅游可持续发展的重要基础，是可持续旅游发展的核心，也是可持续旅游的一种方法。

生态旅游可持续发展就是在生态旅游区内，以生态旅游方式，实现旅游可持续发展的过程，也就是以生态学理论为指导，对旅游资源进行合理、有序、科学的开发，使历代人都能获得享受的一种旅游活动。

(一)生态旅游在社会可持续发展中的作用

首先，生态旅游行为方式是社会可持续发展必须提倡的。在生态旅游区，旅游的交通要求以步行为主，旅游的接待设施以小巧为主，旅游的住宿提倡帐篷露营。避免大兴土木，将旅游对自然景观的破坏和对生态环境的影响降到最低程度。生态旅游者了解尊重当地的自然和文化特色，不将城市的生活习惯带到所参观的地方。为保护野生动物，不离野生动物太近，不去喂养它们，不收集受保护和濒危的动植物及其制品，不购买受保护和濒危的动植物及其制品。在旅游过程中，所有的垃圾应该丢入垃圾桶里，以确保水和土壤不受污染。这些行为方式的普及和推广，是形成节约型社会的基础，更是社会可持续发展的保障。生态旅游就是实现旅游可持续发展的行动。

其次，生态旅游是生态教育的实践。生态旅游的最大特点是保护旅游对象，也就是保护生态环境。游客和景区管理者必须真正懂得生态旅游的意义，同时在生态旅游过程中，景区管理者和游客又学到生态建设的理论和实践经验。因此，生态旅游具有教育人们自觉维护旅游资源和旅游环境的功能。

最后，生态旅游对自然人文环境、古今文化遗产、自然风光和野生动植物的保护起到十分重要的作用。可以说，生态旅游是以维护自然人文生态环境协调发展为目的的新型消费方式，其基本要求是旅游发展与自然人文环境相适应，以保护自然人文环境及为当地居民谋福利；采用合乎自然人文生态环境需要的发展模式和管理方式，挖掘当地文化资源，保证自然和人文资源的可持续发展和延续，保护当地丰富多彩的民族传统文化。

另外，生态旅游对引入绿色创新的社会理念，建立社会生态园区，进行产品开发的绿色设计，培育良好的社会可持续氛围具有十分重要的作用。事实证明，生态旅游不但具有保护作用，而且能丰富生态资源和营造良好的生态环境。

（二）生态旅游是可持续发展的必然选择

可持续发展是人类就生存与发展问题提出的自然—社会—经济复合生态系统有序高效的最佳运行模式和最高目标，是在国家可持续发展战略指导下，通过对微观经济的主体行为的调控才能够完成的人类社会发展的宏观目标。旅游业可持续发展建立在经济增长方式的转变上，努力实现旅游经济由以数量和速度为主要特征向以适当速度、精品质量和协调发展为主要特征的转变。

旅游业的可持续发展涉及与旅游业发展相关的经济、文化和环境以及旅游业内部各环节。生态旅游业的可持续发展体现在六个方面：一是生态资源的可持续利用，即保证生态资源的开发建设必须在旅游生态环境容量允许的范围内进行。二是旅游经济产业的高效运转，具体包括旅游产业的总供给量与旅游业的市场需求量相适应，实现生态效益、经济效益最大化。三是旅游地品牌的确立和形象的维护。四是旅游产业技术的创新和制度的变革。五是旅游地社会、文化与伦理道德的继承和发展。六是旅游地与旅游产业管理的科学。它可以提高旅游资源配置的经济效率和技术效率，使旅游业在有序的市场环境中运行，是旅游业可持续发展的有力保证。

生态旅游是一种依赖自然资源和自然景观的基础旅游形式。生态旅游资源和传统的旅游资源相比较，有其自身独特的特点，即自然性、保护性、普及性、专业性、参与性、地域性。这些特点的内在构成把经济、社会、环境三者有机地联系在一起，能实现三大效益的共同化、最大化，以适应可持续发展要求。

衡量各种产业持续发展能否实现有三个基本因素：一是经济活力，二是社会需求，三是生态承受力。

首先，从经济活力来看，发展生态旅游可创造更多的就业机会，带动地方经济的发展，提高当地居民的生活水平，还可以为国家增加外汇收入。

其次，从社会需求看，随着生活节奏的加快，不同文化层次、年龄结构的人，渴望暂时摆脱城市的喧嚣、拥挤，纷纷投身于大自然，去感受大自然的轻松与宁静。

最后，从生态的承受力来看，与传统旅游相比，生态旅游的目的地是一些保护得好的、完善的自然和文化生态系统，参与者能够获得与众不同的经历，这种经历具有原始性、独特性的特点。生态旅游强调旅游规模的小型化，限定在承受能力范围之内，这样有利于保证游客的观光质量，不会对旅游环境造成大的破坏。生态旅游可以让旅游者亲身参与其中，使其在实际体验中领会生态旅游的奥秘，从而更加热爱自然，这有利于自然与文化资源的保护。生态旅游是一种负责任的旅游形式，这些责任包括对旅游资源的保护责任、推动旅游业可持续发展的责任等，所以，生态旅游应在环境的承受力范围内开展。

可见，生态旅游本来意义上有可持续发展的内涵，本身包含可持续发展的必然性。因此，我们对生态旅游的规划、开发利用、经营管理都应该以可持续发展理论为指导思想，减少和避免人们在旅游活动中破坏生态环境、自然和人文景观以及民俗文化，更不能以牺牲生态效益和社会效益为代价，片面追求短期的经济效益，否则就会违背生态旅游的规律（必然性）。

生态环境的可持续发展已成为全球性的社会潮流。生态旅游业的发展要顺应社会进步的合理要求，在旅游内容上要积极开发适应具有环保意识的旅游者需要的各种旅游项目，努力使旅游业实现良好的经济效益，同时又不至于游客太多，对生态环境造成威胁和破坏。实现旅游业可持续发展需要旅游管理部门和环境保护部门通力合作，更需要全人类的共同维护，这也是关系到人类长远利益的重要问题。

二、生态旅游可持续发展的特点

（一）生态旅游是旅游可持续发展的运作场所

生态旅游的运作场所是自然界中的生态旅游地，包括自然保护区中的试验区和森林公园，以自然为主体景观的风景名胜区、各种湿地，以及人文旅游区中的生态环境旅游项目等。这些生态旅游区、点都以生态旅游为基本内容，形成以保护生态环境、生物多样性为目标的旅游区域单元。生态旅游地的一切活动计划必须以生态学理论为指针，把可持续发展放在中心地位。

（二）生态旅游是旅游可持续发展的最佳方式

旅游可持续发展的最佳方式就是对环境负有责任的生态旅游。世界各国所采用的旅游形式有上百种，但是许多旅游形式都未与可持续发展的要求直接联系起来，其中有不少传统旅游形式为了获取丰厚的经济利益忽视了对自然生态环境的有效保护，结果造成了对生态环境的严重破坏。总结这些旅游开发教训，人们开始意识到，必须采取一种与生态环境保护有直接联系，并直接产生协调效果的旅游形式，这就是以环境保护作为主要义务和责任的生态旅游。

（三）生态旅游可持续发展是合理、有序、科学开发旅游资源的过程

所谓合理有序地开发旅游资源，就是在空间上坚持互利互补的原则，在时间上坚持理性分配的原则，特别是在生态环境脆弱、破坏后难以恢复的地区，在开发时一定要合理布局，开发力度适中，切忌对资源进行破坏性和掠夺性开发。[①] 只有合理开发，才能使资源永续利用，才能使生态环境处于协调有序、运行平稳的良性循环状态，以达到旅游可持续发展的目标。合理、有序、科学地开发，不仅使当代人获得享受旅游资源的权利，而且也能保证后代人有开发旅游资源的能力和享受旅游资源的权利。

第二节　生态旅游可持续发展目标

生态旅游的实质是以生态效益为前提，以经济效益为依据，以社会效益为目标，谋求三者结合的综合效益，实现旅游业的可持续发展。从这个意义上说，生态旅游的发展目标是可持续发展。生态旅游的运行目标与旅游业的可持续发展目标是完全一致的，也就是说，生态旅游的运行目标也是为了规范游览活动与自然、社会、经济、文化等系统变化的关系，使之在内涵和外延上都能实现人类公认的旅游业持续发展的目标，即在不损害生态环境的前提下，既满足当代人的旅游需求，又不危害后代人的旅游需要。

---

① 汪晓梅．基于生态经济理论的我国生态旅游业发展问题研究[M]．北京：旅游教育出版社，2011．

生态旅游可持续发展的目标包括以下几个方面。

一、满足旅游者生态感受和体验的需要

生态旅游是人们在自然界享受生态乐趣和意趣的重要旅游方式和过程，因此它的第一个目标就是满足旅游者获得生态感受和体验的需要。

参与生态旅游的人能否获得高质量的生态感受和体验，主要取决于主客观两种因素。

主观因素是作为生态旅游的主体——旅游者的生态审美、审视、审识水平。审美是感受生态美的能力，审视是敏锐的生态观察思维能力，审识是把握生态知识本质的能力。这三个能力需要通过一定的基本素质培训才能获得。

影响生态感受的客观因素是生态资源和生态环境的品位与质量。生态资源主要指生态旅游地的自然景观、生物多样性等，人们可以通过视觉、触觉、听觉等来感受其美学效果。生态环境是指生态旅游地的自然、社会、文化环境组合结构系统，其中又以自然生态环境为主体。生态旅游者要求自然生态环境具有高品位特性，如观赏效果度、避暑舒适度、生活适宜度、康体有效度、环境宁静度、心理和谐度等，这些特性越明显和组合特性越突出，其环境质量就越高。生态旅游所依赖的资源与环境是旅游者获得生态美感、生态知识、生态感受与体验的重要保障。

二、保护生态旅游资源和生态环境，使之不受污染和破坏

较一般旅游（包括自然旅游）而言，生态旅游的最大特点是强调生态保护，包括对生态旅游资源的保护和对生态旅游环境的保护。

生态旅游资源是发展生态旅游的基础，生态旅游资源的破坏意味着该旅游活动的终结。正如世界旅游组织推荐的《旅游业可持续发展：地方旅游规划指南》一书中所指出的："可持续发展是指为了使现代人和后代人永续利用资源而加强对资源的保护并在不造成资源退化和耗竭的情况下达到发展的目的。可持续发展实际上是建立在生态、社会、文化和经济

共同实现可持续发展的基础上的。”“可持续发展是一种在不损耗或破坏资源的情况下所允许的开发过程。一般来讲，实现这种发展需要通过有效管理资源，使资源的使用速度低于更新的速度，或者是从利用一种再生速度较慢的资源转而利用一种再生速度较快的资源，才能保证现代和后代都有可利用的资源。”

对生态旅游环境的保护与对资源的保护一样重要，因为资源与环境是紧密联系在一起的，生态旅游地要达到保护资源的目的，首先要维护资源所依赖的整体环境，而对生态旅游环境的保护，又可使生态资源获得稳定的生存空间。

总之，保护生态环境，维护生态平衡，既是整个旅游业的责任，又是以资源与环境保护为直接目的的生态旅游可持续发展的重要目标。

三、强持续性效率目标

生态旅游除了保护生态和使旅游者获得生态体验等目标外，还有一个促使社会经济与文化共同发展的任务，其中，获得最大的社会福利，实现高效率经济效益是其重点目标。

按照可持续发展理论，一般持续性有“强”“弱”两个等级层次，弱持续性属于经济低效率层次，而强持续性属于经济高效率层次。生态旅游要实现强持续性，最重要的衡量标准就是以最小旅游环境与资源投入要素使用量获得最大的旅游福利总量，也就是说，以最小的环境代价获得最大的旅游综合效益。生态旅游只有实现这一效率目标，才可能使旅游产品的消费和环境资本同时增长，从而实现强持续性发展。

四、建立一整套旅游生态持续性评价体系及市场管理机制，使之规范化和科学化

生态旅游可持续发展主要衡量四个“水平”：生态旅游环境质量评价指标的科技水平、生态旅游地的最大安全水平、生态旅游可接受的风险水平、生态旅游地生态发育的空间水平。这些指标评价体系在一定范围内

和一定程度上反映了生态旅游地物质能量输入和输出等级以及环境系统承受干扰的极限。如果输入和输出的物质与能量超过上限和下限，就会破坏环境，威胁生态旅游产业。但是，在一定程度内，人类可以通过现代科技手段改变这些流量，以满足当代人和后代人对旅游资源的需要。因此，保护旅游环境，维护良好的生态可持续性，就成为生态旅游可持续发展的重要目标。

生态旅游在管理上的目标是建立一套完整的旅游资本价值的市场机制。如征收生态旅游资源资本转移费和折旧费，最大限度地促进生态旅游资源价值转化为生态旅游产品效益价值。

五、建立人与自然多方面的协调关系，保护旅游地的生命力和多样性

生态旅游及生态旅游资源代际管理的基本理论是可持续发展思想和生态伦理学。可持续发展思想兴起的主要背景是生态环境恶化和急剧增长的人口与相对稀缺的资源的矛盾激化。对生态旅游来说，可持续发展尤显重要，因为它的对象本身就是生态环境，更强调人与自然之间必须改变现有的对立关系，和谐共处，共同发展。生态伦理学的核心思想是尊重生命和自然界，强调人与自然和谐有序的发展进化。

生态旅游体现人与自然和谐有序发展的生态伦理观，把对生态系统的健全和完善作为该项活动的价值取向，把人与自然的和谐共处作为自身的追求目标。这一目标要使当代人和后代人的需求达到和谐一致，使发展与对生物多样性和生物资源的维护协调一致，使生态旅游活动规模与环境协调一致，以保护旅游地的生命力和多样性。

六、保证旅游地居民的生活质量和旅游地文明的公平发展

开展生态旅游活动必须处理好与社区居民的利益关系，尽力增加旅游地居民的就业机会，创造良好的经济效益，从而提高旅游地居民的生活

质量,促使他们认识到生态环境的价值,并有意识地去保护它,切实保证生态旅游的可持续发展。许多经验证明,让社区居民参与旅游区的相应管理是十分必要和有益的。

另外,每个旅游地都有自己特定的文明"本底值",旅游人群的流动带来多种文化的碰撞和交流,从而影响旅游地的特定文明,并在文明"本底"上融合、异化和更新,形成新的地域文明。保护旅游地文明,就是要将公平发展放在首位,使旅游者和社区居民相互尊重,使旅游者高质量的旅游经历不以牺牲旅游地的特定文明为代价。这种平等关系不仅表现在人与人之间的关系上,同时也表现在当代人与后代人之间的关系上。

第三节　生态旅游可持续发展战略和判断原则

一、生态旅游可持续发展战略

所谓生态旅游发展战略,其实质就是生态旅游发展的指导思想和原则。在确定生态旅游发展战略时,首先要弄清楚两个方面的问题,一是制定战略所必须具备的观念,二是制定战略所必须具有的科学认知水平。

(一)生态旅游可持续发展战略的基本概念

根据可持续发展的内涵和生态旅游的特征,结合我国的旅游资源特征,在制定生态旅游可持续发展战略时,必须坚持系统观、资源观、市场观、产业观和效益观等理念。

1. 系统观

若把自然圈、生物圈和社会圈视为一个完整的生态系统,其核心则是强调人与自然、人与环境、人与社会的相互依赖、相互和谐的共生共存关系。在生态旅游的发展中,应尽快改变传统的片面追求经济增长的做法,确定强调综合效益和高质量增长的发展观念,协调人地关系,使旅游景点的社会、文化的发展与伦理、道德的继承相协调。

2. 资源观

生态旅游的资源观引入了可持续发展的理念，强调自然资源与环境的有价性，并将自然资源与环境视为旅游活动的资本，将其价值计入旅游活动的成本中，以期从旅游收入得到补偿，从而实现自然与环境的永续利用。人类对旅游资源的开发利用必须保持在资源与环境承载量的范围之内，超过一定的承载量，必然会破坏旅游业持续发展的基础和条件，最终制约旅游业的发展。

存在一种误解，即旅游业消耗资源少，对环境影响远远小于工业。实际上，如果旅游发展脱离环境保护，那么旅游业对生态环境的破坏远远大于工业对资源掠夺而造成的破坏。我国相当大范围的丘陵山区的生态环境脆弱，因此在开发时必须做好环境评价。有不少景观独特、品位高的旅游资源，恰恰就分布在生态环境脆弱的山川谷地，这要求我们在开发过程中坚持可持续发展观，以免使资源受到破坏。

需要强调的是，坚持可持续发展的资源观，要把水土保持和避免环境污染放在突出位置。

3. 市场观

生态旅游可持续发展要求旅游开发必须转变利益观，从传统的经济利益观转变为生态—经济—社会综合利益观，利益分配也应从传统的资源导向转换到现在的市场导向。牢固树立市场观念，将生态旅游市场需求作为开发的导向，并非资源就必须开发，而要看市场是否有这个需要。要确定客源市场的主体和重点，明确生态旅游开发和建设的针对性，减少和避免资源的浪费，提高生态旅游业的综合效益，避免片面地追求经济利益。

根据可持续发展战略，我们既要摸清生态旅游资源的分布及特点，又要深入分析生态旅游市场的需求特点，确保开发后的生态旅游产品能成为旅游市场的热点，这样一方面可以发挥资源的价值，另一方面也能够解决旅游目的地的贫困问题，使之成为一个好的良性循环的旅游扶贫项目，进而促进生态建设。

4. 产业观

当今旅游业已成为国际经济中最大的产业之一，已成为一些国家或地区经济的支柱产业。因此，拥有丰富生态旅游资源和良好开发条件的地区应抓住机遇，实施可持续发展的旅游战略，加快生态旅游资源的开发，积极将生态旅游业培育和发展成为支柱产业。为此，要制定正确、合理的生态旅游产业规划和政策，包括产业结构、产业布局、产业技术、产业组织等方面，以指导旅游产业协调发展；要按照支柱产业形成的规律，提高聚集效应，形成规模，并在此基础上形成生态旅游"增长点"的扩散和关联效应，带动整个旅游开发及旅游产业的全面发展，推进区域经济社会的发展；要讲求投入产出效率，不断提高旅游业的生产率水平，使生态旅游业具有高于其他产业的生产率水平，并对相关产业产生较强的关联带动效应。

5. 效益观

天然的生态旅游胜地大多数为贫困地区，生态旅游的经济效益就是该地区可持续发展的物质基础，但必须协调好社会效益和生态效益的关系，坚持可持续发展旅游效益观。在经济效益方面，无论是生态旅游资源的开发，还是某个生态旅游项目的投入，都必须先进行项目可行性研究，认真进行投资效益分析，不断提高生态旅游资源开发及项目投资的经济效益，这是保证旅游业可持续发展的物质基础。在社会效益方面，在进行生态旅游资源开发和旅游产品设计时要考虑当地经济发展水平，要考虑政治、文化及地方习惯，要考虑人民群众的心理承受能力，开展健康文明的生态旅游活动，这有利于维护当地民俗文化完整性，保存民族文化的精粹，从而促进地方经济文化的发展。在生态环境效益方面，要按照合理利用生态旅游资源的原则和符合自然环境承载能力的要求，以开发促进环境保护，以环境保护提高开发的综合效益，从而形成保护—开发—保护的良性循环，创造出生态环境效益。

特别应该指出的是，坚持可持续发展的效益观绝对不能以民族文化的消失为代价。由于旅游业的可持续发展是建立在区域社会群体的特性之上的，地方文化与行为特征、道德伦理与价值观都成为地方旅游业保持特色、扩大市场、吸引游客的关键所在。随着旅游者的大量涌入，一些特色文化也许会消失或者变形走样，因此要加强对民族文化的保护，同时研究如何使这些文化延续下去，防止因发展旅游业而使民族文化消失的现象发生。

（二）生态旅游可持续发展战略的指导原则

生态旅游是一种以自然、环境、生态资源为对象的旅游。因此，在制定生态旅游可持续发展战略时，必须对生态和环境有一个科学的认知。

1.生态旅游是一种以生态学原理为指导的旅游活动

以生态学的基本原理为指导，制定科学的生态旅游发展规划是生态旅游活动科学、合理和持续发展的基础。生态学是研究生物与其生存环境之间相互关系的一门学科。生态系统是生态学研究的核心。生态系统是生物与环境的综合体，是自然界的基本单位。生物与环境之间相互作用，相互影响，相互制约，不断地进行着物质与能量的交换和信息联系，并在一定时期内处于动态平衡状态。我们在开展生态旅游时，要注意维护生态平衡，维持良好的生态环境，保护生物旅游资源，促进珍稀动植物的繁殖。对已遭破坏的生态平衡要运用生态学的基本原理，采取积极措施，利用生态系统的自净能力消除不利因素，使生态平衡恢复或得以重建。在生物资源的利用与保护方面，运用生态学的原理，弄清各种生态系统的生态阈值，在生态阈值的范围内，最大限度地利用生物资源，并保护各种生态系统，从根本上解决生态环境问题，走生态发展之路。

2.生态旅游是一种以社会和谐为前提的旅游活动

可持续发展理论阐明了保护生态资源是解决环境问题的积极途径，也是生态旅游发展的唯一正确途径。

可持续发展就是既要考虑当前发展的需要，又要考虑到未来发展的需要，不以牺牲后代人的利益为代价来实现当代人利益的发展；可持续发展就是人口、经济、社会、资源和环境的协调发展，既要达到发展经济的目的，也要保护人类赖以生存的自然资源和环境，使我们的子孙后代能够永续发展和安居乐业。

生态旅游应与旅游资源和生态环境的保护建设同步规划、同步实施、同步发展,实现经济效益、社会效益和生态效益的统一。旅游经济是区域经济的一个重要组成部分,因此,生态旅游规划应该是区域社会经济总体规划中的一个组成部分。生态旅游也要突出地方色彩和民族特色,要形成自己的个性,满足人们求新、求异、求美、求知的需求。

旅游具有双重性,即旅游业的发展既能促进社会经济和文化的发展,也会加剧旅游资源和生态环境的损耗和地方特色的消失。因此,在规划时必须考虑生态环境的承受能力,即控制生态容量。此外,生态旅游的发展还要符合当地的经济发展状况和社会道德规范。

基于上述观念和认识,可以将生态旅游的可持续发展战略总结为:根据社会和人们的需求,依据自然、生态及环境的客观规律,按照生态旅游的特点和内在本质要求,坚持保护第一、开发第二的原则,坚持社会、经济、环境协调发展的原则,坚持科学决策、管理规范,有重点、分步骤、分层次地实施生态旅游合理开发利用原则,最终实现生态环境、生态旅游资源的可持续性,实现社会、经济、环境协同发展,推动生态旅游乃至旅游经济的可持续发展。

二、生态旅游可持续发展的判断原则

生态旅游是一个多学科组合的系统工程,也是一个复杂的社会系统工程,因此,判断生态旅游是不是可持续发展不是一件简单容易的事。但有两方面依据是至关重要的:①可持续发展的判断原则是重要的理论基础;②生态与环境的保护是重要的参考。据此,可以将以下原则作为判断生态旅游是否能实现可持续发展的重要依据。

(一)生态旅游资源的再生再造率大于其淘汰损害率

生态旅游资源是生态旅游开展的对象和物质基础。只有当生态旅游资源越来越丰富时,生态旅游才能得以延续。生态旅游资源包括一切生命现象以及维持这些生命现象的环境,它们维系人和生物的生存与发展,并总是维持某种数量和质量的平衡。在生态旅游过程中，假若各种生物资源的种类、数量和质量能维系平衡，并保持在一种较高水平上，那么就奠定了生态旅游可持续发展的物质基础。这就要求对所有的生态景区进行系统科学的生态资源调查，并进行定期的质和量的评价，依据评价结果判断生态旅游是否具有可持续性，决定生态旅游开展与否以及如何采取相应的管理和补偿措施等，以促进可持续性生态旅游的发展。

（二）景区的环境容量大于对环境的排污量

生态旅游之所以比其他旅游更表现出可持续性，关键在于它讲究社会、经济、环境的有机平衡和协调发展。环境是一个常数，当维持在一定水平时，能产生良好的环境效益；环境又是一个变量，当打破某种平衡时，会产生不良的影响。生态环境就是为了维持生态平衡而必须具备的生态条件。生态旅游具有保护性特征，要求生态平衡。一旦生态环境遭受损害，生态平衡被打破，生态旅游也就无以为继。当向环境排放的工业废物、生产废物、生活废物超过景区的环境容量时，生态旅游就无法持续发展。这就要求我们尽最大努力减少生态景区建设和旅游实施过程中的废物的排放，并将其控制在景区环境容量允许范围内，保证生态旅游的可持续发展。因此，必须对生态景区的环境状况进行定期的跟踪检测，据此判断生态旅游是否可持续发展。

（三）景区的生态载客量大于客流量

生态景区是生态旅游的载体。景区的游客接待量是有限的，也就是说，游客量超过景区的载客量，就会造成景观、资源和环境的损害甚至破坏。所以，一些地区采取“轮歇式管理”的办法，缓解游客对著名生态景区的冲击和压力，以实现生态景区的可持续发展。

（四）空气质量达到规定要求

生态旅游吸引人们的重要因素之一，就是生态景区空气质量好。而影响空气质量的因素，除了大气污染程度外，还有一个重要因素，就是森林和植被的状况。因此，一方面要减少大气污染，另一方面要增加森林与植被面积，保持森林的营造率超过森林的采伐率。为了保证生态旅游的可持续发展，要经常对生态景区进行空气质量检测，进行森林和植被状况的检查，进行排污检查，并采取切实措施，保持生态旅游的可持续性。

（五）水土流失率保持在零状态

水土是生物赖以生存的根基，也是生态景区的重要构成。因此，水土保持是维系生态旅游可持续发展的一个重要环节。这就要求我们增加植被面积，修建保土设施，兴修水利缓解山洪冲刷，使水土流失率保持在零状态，确保景区的可持续发展。

（六）社会、经济、生态效益相统一

相对于传统旅游而言，生态旅游实现了社会效益、经济效益、生态效益三者的统一和协调。但是，这种统一和协调不是自然形成的，它受人为因素的影响。旅游活动是一种人的活动，人是旅游的主体。人们在认识和开展旅游过程中，要注意发挥生态旅游的根本作用，在注重经济效应的同时，充分考虑生态效益和社会效益。我们在判断生态旅游是否实现了社会、经济、环境协调发展时，一是要看构成生态环境的各要素的质和量指标是否恶化或未达到规定的要求；二是在成本预算时是否考虑了资源与环境成本；三是经济利益中是否有一定比例用于环境维护和改善，用于环保宣传教育和保护生态资源的公益事业。以牺牲环境和资源为代价换取经济利益的最大化，是一种社会、经济和环境的畸形发展。这样的生态旅游违背了生态旅游的本来意义，只会带来生态灾难，带来生态旅游发展的阻碍和终结。

当然，只确定生态旅游可持续发展的判断原则是不够的，还必须建立和选择科学的评价指标体系。评价指标体系的选择和建立是一项复杂的系统工程和艰巨的任务，可以以人文发展指数、可持续发展战略指标体系为重要参考，充分考虑生态旅游、生态资源及生态环境特点，建立一个系统的、科学的生态旅游可持续发展评价指标体系。这种指标体系既有质的分析，又有量的标准；既有对经济、社会的综合评价，又有对环境的总评估；既有对现状的衡量，又有对未来发展的提示和预测。总之，要体现社会、经济、环境的协调发展，只有这样，生态旅游才可能实现可持续发展。

参考文献

[1]陈白璧,丘甜,华伟平.乡村生态旅游研究[M].厦门:厦门大学出版社,2021.

[2]邓纯东.生态文明建设思想研究[M].北京:人民日报出版社,2018.

[3]封雪韵.金山银山与生态旅游[M].上海:上海人民出版社,2021.

[4]高丽楠.九寨沟湖泊生态环境保护与旅游可持续发展研究[M].成都:四川大学出版社,2020.

[5]郭栩东.生态环境保护与生态旅游模式研究[M].长春:吉林出版集团股份有限公司,2022.

[6]环境保护与生态旅游资源体系规划[M].长春:吉林科学技术出版社,2016.

[7]李辉.生态旅游规划与可持续发展研究[M].北京:北京工业大学出版社,2021.

[8]李向东.环境监测与生态环境保护[M].北京:北京工业大学出版社,2022.

[9]李玉清.自然保护地生态旅游发展研究:广西篇[M].南京:江苏凤凰科学技术出版社,2021.

[10]林锦屏,刘斌,陈莹.乡村生态旅游研究[M].北京:科学出版社,2021.

[11]娄瑞雪.生态文明建设与制度研究[M].长春:吉林大学出版社,2018.

[12]陆向荣.我国森林公园生态旅游开发与发展[M].北京:北京工业大学出版社,2021.10.

[13]彭文英,单吉堃,符素华,等.资源环境保护与可持续发展[M].北京:中国人民大学出版社,2015.

[14]孙克勤.旅游环境保护学[M].北京:旅游教育出版社,2010.
[15]王丽萍.中国特色社会主义生态文明建设理论与实践研究[M].北京:九州出版社,2018.
[16]王朋薇.自然保护区生态旅游资源价值研究[M].上海:上海交通大学出版社,2021.
[17]王雄.乡村振兴战略理论与实践[M].咸阳:西北农林科技大学出版社,2019.
[18]王梓.新型城镇化与生态文明建设研究[M].北京:中国发展出版社,2018.
[19]袁素芬,李干蓉,李文.环境科学与生态保护[M].沈阳:辽海出版社,2019.
[20]张建春.生态环境保护与旅游资源开发[M].杭州:浙江大学出版社,2010.
[21]张雪婷,徐运保.旅游文化资源的开发与生态化建设研究[M].长春:吉林人民出版社,2021.
[22]张玉玲.生态敏感型旅游地环境保护[M].南京:南京大学出版社,2022.
[23]张玉玲.生态敏感型旅游地环境保护地理学的凝视[M].南京:南京大学出版社,2022.
[24]郑泽厚.环境生态与土壤资源[M].北京:世界图书出版公司,2013.
[25]朱飞.森林生态旅游研究[M].北京:北京工业大学出版社,2021.